내 사랑 물리
내가 깨달은 사物의 理치랑 현상들

내 사랑 물리 내가 깨달은 사物의 理치랑 현상들
1권 | 운동·단위

—

초판 1쇄 2022년 05월 03일

—

지은이 김달우

펴낸이 손영일

디자인 장윤진

—

펴낸곳 전파과학사

출판등록 1956년 7월 23일 제10-89호

주 소 서울시 서대문구 증가로 18, 연희빌딩 204호

전 화 02-333-8877(8855)

팩 스 02-334-8092

이메일 chonpa2@hanmail.net

홈페이지 www.s-wave.co.kr

블로그 http://blog.naver.com/siencia

ISBN 978-89-7044-712-4 (04420)

내 사랑 물리

내가 깨달은 사物의 理치랑 현상들

글·그림 | 김달우

1권 | 단위·운동역학

전파과학사

머리말

"오늘은 아름다운 소식이 있는 날이거늘 우리가 침묵하고 있도다.

만일 밝은 아침까지 기다리면 벌이 우리에게 미칠지니

이제 떠나 왕궁에 가서 알리자." (열왕기 하 7 : 9)

우리가 살고 있는 자연은 아름다운 비밀로 가득 쌓여 있다. 자연을 모르고 바라볼 때는 내 인생과 별 인연 없는 그냥 자연일 뿐이지만 알고 보면 우리 스스로가 자연의 일부라는 것이 가슴 깊이 느껴진다. 겨울에는 흰 눈이 내리고 날씨가 추워져 호수의 물은 꽁꽁 얼어붙는다. 그래서 더운 여름에는 헤엄쳐서 건너야 할 강도 추운 겨울이 되면 걸어서 건널 수 있게 된다. 이는 부드러운 물이 딱딱한 얼음이 되기 때문에 가능한 일로써 온도가 일으키는 조화이다. 그런데 물이 얼더라도 얼음 아래에서는 물고기들이 헤엄쳐 다니고 있다. 만일 물이 호수 밑바닥부터 얼기 시작하면 물 속에 있는 고기들은 추위에 노출되어 얼어 죽을 텐데 다행히 물은 위에서부터 언다. 이것은 물이 4℃일 때 가장 무거워진다는 특성 때문에 일어나는 자연의 축복이다.

겨울에 내리던 흰 눈은 여름에는 아무런 색이 없는 투명한 빗방울로 변화된다. 비가 내린 후 공중에 떠있는 작은 물방울들에 햇빛이 비치면 하늘에는 일곱 가지 색깔의 무지개가 뜬다. 우리는 모두 같은 무지개를 본다고 생각하지만 사실은 내가 보는 무지개와 옆 사람이 보는 무지개는 서로 다르다. 이것은 아무리 가까이 다가가도 무지개를 잡을 수 없다는 사실과도 관련이 있다. 이러한 자연의 신비함은 우리가 항상 접하는 일상이다.

이와 같이 우리의 생활은 그 자체가 자연의 연속이다. 처음에는 자연을 있는 그대로 받아들였으나 그 이치를 깨닫고는 자연을 이용하게 되었다. 세월이 가는데서 시간이란 개념을 가지게 되고, 이웃마을로 찾아가는 데서 공간이란 개념을 가지게 되었다. 그리고 시간과 공간을 별개의 요소로 생각하지 않고 이들을 하나로 묶음으로써 속도, 가속도 등의 운동의 개념을 도입하게 되었다. 이러한 개념은 자연의 비밀을 파헤칠 수 있는 강력한 무기가 되어 물리학이 발달되었다.

자연의 비밀은 과학이라는 열쇠로 하나 둘씩 벗겨져 이제는 많은 부분이 이미 비밀이 아니다. 그러나 이러한 비밀들은 공개되기는 했으나 진정으로 이해하기 위해서는 깨달음이 있어야 한다. 인생의 스승은 책이라고 하기도 하고 사람이라고도 하지만 진정한 스승은 자연이 아닐까? 다만 자연은 말없이 가르치므로 스스로 깨닫기 어려울 뿐이다. 그래서 이 책에서는 물리학의 본질을 파악하기 위해서 내가 생활하면서 얻은 일상 경험을 연계시키면서 물리학에 관한 직관적인 개념을 이해할 수 있게 하였다.

필자는 눈에 보이는 자연 현상을 보고 사물의 이치를 깨닫는 것이 너무 즐거워서 과학자 외에는 아무것도 되고 싶지 않았다. 그런데 이러한 비밀들을 알고 있으면서 침묵을 지키는 것은 도리가 아닌 것 같아 아직도 그 비밀을 이해하지 못하고 있는 이들에게 숨겨진 보물들을 파헤쳐서 나누어주는 기분으로 이 글을 썼다.

신출귀몰하던 도둑이 잡히자 도둑을 맞지 않는 방법을 한 기자가 묻자, 그 도둑이 말하기를 '도둑을 막으려면 도둑의 입장에서 생각하라'던 말이 떠오른다. 독자의 입장에서 글을 쓰려고 애를 썼다. 부족하지만 이 책을 읽으면서 사물의 이치를 깨닫는 즐거움을 느끼고 물리학의 근본을 통해서 깨닫고 자연의 비밀을 이해하며 우리가 얼마나 자연의 축복을 받고 있는지 느끼기 바라는 마음 간절하다. 아는만큼 보인다는 말이 있다. 새로운 이치를 깨우치고 나면 마치 전구를 켰을 때처럼 이미 알던 것을 갑자기 더 명확하게 본질까지 이해하게 되는 경우가 있다.

"최첨단 과학으로 포장된 우주 핵물리학이란 것을 내가 전혀 이해하지 못하듯이, 도저히 따라잡을 수 없을 것 같은 기분이 들 정도였다." 이 글은 의과대학을 졸업하고 석박사 과정을 수료한 한 의사가 〈때론 나도 미치고 싶다〉라는 수필집(이나미 지음)에서 포스트모더니즘을 이해할 수 없다며 솔직한 심정을 고백한 글이다. 의사이자 박사인 사람도 전혀 이해하지 못하겠다고 대표적으로 내세우는 물리학을 일반인들이 쉽게 이해할 수 있도록 하겠다는 나의 야심이 단순한 욕심에 그쳐지지 않기를 바란다.

이 책은 물리학의 모든 분야를 다루고 있으며 수학을 사용하지 않고 스토리 텔링 형식으로 서술했다. 각각의 주제는 서로 독립적이기 때문에 어느 항목부터 읽어도 괜찮으므로 마음이 가는 이야기부터 읽으면 된다.

바다와 산이 모두 가까이 있는 마을, 지곡에서

김 달 우

목차

제2장 **운동역학**

제1장

단위

임금님이 하사한 술잔

우리나라의 대표적인 애주가 중에 손순효(1427~1497)가 있다. 그는 조선 성종대의 문신으로 1457년(세조 3년)에 문과에 급제한 후 형조참의, 경상도 관찰사, 도승지, 형조판서, 대사헌 등을 역임하고 좌참찬에 이르렀다. 그는 성리학에 밝고 문장이 뛰어났으며 청렴하기로 이름이 높아 성종의 신망을 한 몸에 받았다. 청백리로서 임금의 총애를 받아 요직을 두루 거친 신분이지만 손순효는 항상 과음하는 술버릇이 있었다. 그래서 성종은 그의 과음을 걱정하여 "하루에 한 잔 이상은 마시지 말라"면서 작은 은잔 한 개를 하사했다. 손순효가 보기에 너무 조그만 잔이라 은 세공장이를 시켜 은잔을 얇게 두드려 펴서 사발만한 잔을 만들어 독주를 한잔씩 마셔 그 후로도 그는 여전히 술에 취해 있었다.

이와 같이 '한 잔'이라고 하더라도 서로 생각하는 잔의 크기가 다르면

잔에 담긴 술의 양도 자연히 달라지게 되므로 정확한 양을 나타내는 데는 잔의 크기가 필수적이며, 기본적인 양을 나타내기 위한 그릇의 크기는 모든 사람이 공통적으로 인정하는 정해진 크기여야 한다. 이것은 술의 양을 나타내는 잔뿐 아니라 길이, 시간, 질량, 온도 등에도 마찬가지로 적용되는 개념이며 이러한 기본적인 양을 단위라고 한다. 단위를 사용하여 어떤 대상을 측정할 때는 이에 적합한 기준이 있어야 하는데 예로부터 길이는 인체를, 시간은 천체의 움직임을, 그리고 무게는 곡식을 단위의 기준으로 정하였다. 이러한 여러 가지 단위들은 동서양에서 각각 별도로 고안되어 사용해 왔으며, 근래에 들어서 전 세계에서 통일된 단위를 지정하여 사용하고 있다.

길이

열 길 물 속은 알아도 한 치 가슴 속은 모른다

물이 맑으면 깊은 물 속에서 노니는 물고기의 모습도 선명하게 잘 보이지만 사람의 작은 가슴 속에는 무슨 생각을 품고 있는지 도저히 알 수 없을 때, '열 길 물 속은 알아도 한 치 가슴 속은 모른다'는 속담을 사용한다. 이 속담에 등장하는 '길', '치' 등은 신체의 여러 부위에서 유래된 길이의 단위이다. 이외에도 '자', '발' 등 과거에 사용되던 단위는 우리 몸의 각 부위를 기본단위로 사용하게 되었다. 그러나 인체보다 훨씬 긴 길이를 나타낼 때는 이에 버금가는 기준이 필요하다. 그래서 비교적 먼 거리인 오리, 십리 등은 우리가 사는 마을을 토대로 만들어졌다. 그러나 사람마다 신체의 크기가 다르고 마을 사이의 거리도 각각이므로 정확한 길이를 나타내기 위해서 최종적으로는 지구의 크기를 기준으로 삼아 길이의 단위를 정하였다.

세 치 혀로 나라를 구한다

서로 의견이 다른 사람들이 한 치의 양보도 없이 설전을 벌이는 것을 가끔 볼 수 있다. '한 치의 양보도 없다'는 말은 조금도 양보하지 않는다는 뜻이다. 또한 친척들 사이에 촌수가 조금 멀어지는 것을 '한 치 건너 두 치'라고 한다. 이외에도 일상회화에서 '치'라는 말이 많이 사용되고 있다. 말을 잘 하는 사람에게는 '세 치 혀를 잘 놀린다'고 한다. 짧은 혀로 말을 잘 해서 일이 제대로 처리되었다는 뜻이다. 그래서 속담 중에는 '세

치 혀로 나라를 구한다'는 말도 있다. 피라미드는 '한 치의 오차도 없이' 정밀하게 만들어져 있다고 한다. 파렴치한들에게는 '한 치의 양심도 없다'고도 한다. '안개가 껴서 한 치 앞도 알 수 없다'라든지 '한

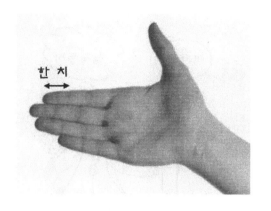

치의 실수도 용납할 수 없다', '한 치 앞도 알 수 없는 생사의 갈림길'이란 표현도 있다.

한 치란 얼마나 짧길래 아주 짧은 길이를 한 치라고 할까? '치'의 기원을 따라 올라가면 '한 치'란 손가락 한 마디를 뜻한다. 우리 선조들은 신체의 관절 중 손가락 마디를 가장 짧은 것으로 보았던 것이다.

내 코가 석 자

우리 나라와 중국에서 공통적으로 사용하는 '자' 또는 '척'이란 단위의 근원은 팔꿈치에서 손목까지의 길이이다. 흔히 사용하는 속담 중에 아주 쉽다는 뜻으로 '삼척동자도 안다'는 말이 있다. 삼척동자란 키가 석 자인 어린이를 뜻한다. 낚시질을 할 때 큰 물고기를 잡으면 '월척(越尺)'을 낚았다고 하는데 정확한 의미는 크기가 한 척이 넘는다는 뜻이다. 또한 옛

날 무사들이 옆구리에 차고 다니던 칼의 길이가 석 자 정도 되는 길이였기 때문에 '석 자 칼이 사람을 해친다'는 말도 있다. 이외에도 큰 일을 이루는 데는 시간이 많이 필요하거나 노력을 많이 해야 된다는 뜻으로 '하루 추위가 세 척 얼음을 만들지 못한다'는 중국 속담도 있다.

'자'나 '척'은 실제 길이를 나타낼 때뿐 아니라 과장법으로도 많이 사용되고 있다. 흔히 사용하는 말 중에 나의 일도 감당하기 어려워 남의 사정을 돌볼 여유가 없다는 뜻으로 '내 코가 석 자'라는 말이 있다. 한문으로는 '오비삼척(吾鼻三尺)'이라고 한다. 먹는 것이 중요하다는 의미로 '수염이 석 자라도 먹어야 양반'이라는 속담도 있고, 중국의 경우는 과장법이 심해서 긴 수염을 나타낼 때 '수염이 삼천 척'이라고 한다.

수수께끼

한 자, 한 치 되는 집을 한문으로 쓰면 무슨 글자일까?　　　… 寺

(해설) 寺를 분석하면 열 한 치(十一 寸), 곧 한 자 한 치가 된다.

혀가 만 발이나 나왔다

남태평양의 섬 지방에 사는 마우리 족들은 상대방에게 적대감을 나타낼 때는 눈을 크게 뜨고 혀를 길게 빼서 겁을 주는 풍습이 있다. 이들은 혀가 길수록 더 용맹하다고 생각하기 때문이다.

우리나라에서는 힘든 일을 나타낼 때 혀를 비유적인 표현에 많이 사용하였다. 그래서 아주 힘들 정도로 일을 하였을 때는 "혀가 빠지도록 일을 하였다"고 하는데 이보다 좀 더 과장되게 표현할 때는 "혀가 만 발이나 빠져 나왔다"고 한다. 또한 불만이 많을 때는 입을 길게 내밀므로 불만이 많은 사람에게 "입이 댓 발이나 나왔다"고도 한다. 이처럼 '발'이란 단위는 단지 일상용어로만 많이 사용되고 있지만 예전에는 긴 끈의 길이를 재는 단위로 아주 유용하게 사용되었다. 실제로 과거에는 철물점에서 철사나 노끈을 팔 때나 포목점에서 옷감을 재는

단위로 '발'이란 단위를 많이 사용하였다.

'발'이란 양 팔을 뻗은 길이, 즉 두 팔을 벌렸을 때 한 쪽 손가락 끝에서 다른 쪽 손가락 끝까지의 길이이다. 그러므로 '발'이란 단위의 길이는 사람에 따라서 다르다. 똑 같은 한 발 길이의 철사를 사도 철물점에 따라 실제 길이는 많이 차이가 날 수 있다는 말이다.

열 길 물 속

'발'과 비슷한 길이지만 높이나 깊이를 나타낼 때 사용되는 것으로 '길'이란 단위가 있다. '길'은 사람의 머리 꼭대기에서 발 끝까지의 길이, 즉 사람의 키를 나타낸다. '길'이란 단위는 물의 깊이를 나타낼 때 많이 사용되었다. 그래서 사람의 머리 끝까지 잠기는 깊이를 '한 길 물 깊이'라고 하여 어린이들이 가까이 접근하는 것을 금지시켰다. 또한 아주 깊다는 의미로 '열 길 깊이'라는 말을 사용하였다.

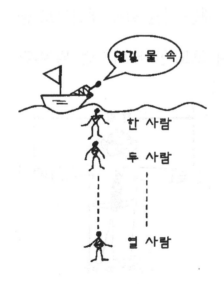

예를 들면 사람의 마음 속을 알기 어렵다는 뜻으로 '열 길 물 속은 알아도 한 길 사람 속은 모른다'는 속담이 있다. 서양에는 '길'에 해당하는 패톰(fathom)이라

는 단위가 있다. 이 단위는 뱃사람들이 배를 운행할 때 물의 깊이를 파악하기 위한 목적으로 주로 사용되었다.

10보 앞으로

다리를 한번 들어 옮겨 놓을 때의 거리를 한 걸음이라고 하여 길이의 기준으로 삼았다. 걸음을 한자로 표현하여 보(步)라고도 한다. 예를 들어 화살을 쏠 때 과녁의 위치를 10보, 50보, 100보 등으로 나타내었으며 윌리엄 텔은 100보 앞의 과녁을 명중시키는 활의 명사수로 우리에게 알려져 있다. 군대에서는 요즘도 '5보 앞으로 가', '2보 뒤로 가' 등으로 대략적인 거리를 나타내는 데 쓰이고 있다.

뼘

우리는 일상생활에서 '뼘'이라는 단위를 많이 사용하고 있다. 한 뼘이란 다섯 손가락을 쭉 폈을 때 엄지손가락 끝에서 가운데 손가락 끝까지의 거리이다. '뼘'이란 단위는 길이를 정확히 알 필요가 있을 때는 사용하지 않고 길이를 어림짐작할 때 주로 사용하고 있다.

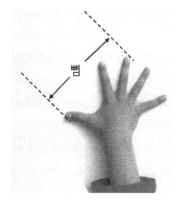

지척에 두고

손가락이나 손바닥의 폭도 길이의 기준으로 사용되었다. 중국의 주공은 손가락 열 개의 폭을 '지척(指尺)'이라 하여 길이의 단위로 사용하였다. 요즘은 길이의 단위로 사용되지는 않고 일상용어에서 거리가 아주 가깝다는 의미로 사용되고 있다.

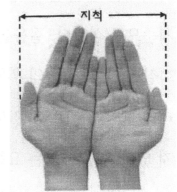

예를 들어 가까이 있으면서도 만나지 못하는 것을 '지척에 두고도 만나지 못한다'고 한다. 특히 그리운 님을 지척에 두고도 만나지 못하는 마음은 얼마나 아련할까 생각만해도 가슴이 찡해진다.

초가삼간과 육간대청

집의 크기를 나타낼 때는 팔 다리를 길게 뻗고 누울 수 있는 최소한의 길이를 단위로 정하였다. 이것을 '간' 이라고 한다. 흔히, 초가삼간이라고 하면 방이 세 칸 있는 초가집을 연상할지 모르지만 삼간이라고 하는 것은 방의 숫자가 아니라 집의 크기를 뜻한다. 한 간은 1.82m이며 가로, 세로가 모두 한 간이면 한 평 넓이를 뜻한다. 그러니까 초가삼간이라고 하는 것은 세 평(약 10㎡)짜리 아주 작은 초가집을 의미하는 말이다.

　예전에는 사람들이 거주할 수 있는 가장 작은 집의 크기를 3간이라고 생각했다. 그래서 초가삼간은 가난과 평화의 상징처럼 예부터 우리네 귀에 익어오던 말이다. 예를 들어 '초가삼간'이라는 노래의 가사를 보면 '실버들 늘어진 언덕 위에 집을 짓고, 정든 님과 둘이 살짝 살아가는 초가삼간 세상살이 무정해도 비바람 몰아쳐도 정이든 내 고향, 초가삼간 오막살이 떠날 수 없네'. 또한 사소한 일 때문에 연연해 하다가 큰 일을 그르친다는 의미로 '빈대 잡으려다 초가삼간 태운다'는 속담도 있다.

　이와는 반대로 부자의 대명사로 육간대청이라는 말을 사용한다. 육간대청은 기둥과 기둥 사이의 길이가 3간이고 폭이 2간, 즉 넓이가 여섯 간이 되는 넓은 마루를 말하는데 보통은 대청마루라고 한다. 가난한 사람은 집 전체의 크기가 3간에 불과한데 부잣집은 마루 크기만해도 6간이니 그 마루가 얼마나 크게 느껴질 것인가.

우리 나라의 대표적인 소리인 회심곡에 있는 가사를 일부 옮겨 쓰면 다음과 같다. '불효자의 거동 보소. 어머니가 젖을 먹여 육간대청 뉘어놓면 어머니의 가슴에다 못을 주느라고 어파득히 울음을 우니(중략), 선효자의 거동 보면 남과 같이 젖을 먹여 육간대청 아무렇게 던져놔도 육간대청이 좁다하고 둥글둥글이 잘도 논다.'

추사고택

육간대청이 있는 대표적인 주택으로는 추사고택이 있다. 조선 후기의 실학자이며 서예가인 추사 김정희(1786~1856)의 옛 집은 증조부 김한신에 의해 1750년경 건립되었다. 이 집은 본래 53간의 저택이었으나 지금은 그 절반 정도인 20여 간만이 남아 있다. 기본적인 주택 구조로는 안채와 사랑채, 사당, 그리고 대문채로 되어있다.

사랑채는 'ㄱ'자형 평면으로 대문 쪽에서부터 대청과 사랑방 2간이 이어지고 안채 쪽으로 꺾인 부분에 마루방 2간과 온돌 1간이 연접되어 있다. 방과 대청의 전면으로 반 간의 툇마루가 연결되고 사랑방 끝에 반 간을 내어 아궁이 함실을 두었다.

안채는 'ㅁ'자형으로 서쪽 중앙에 정면 3간, 측면 2간의 넓은 육간대청을 중심으로 양쪽에 익랑을 연결하였다. 안마당에 들어서면 안채를 에

워싸고 있는 안벽과 문들을 많이 생략하여 밖에서 보는 것보다 개방적이다. 전체적인 배치 계획은 사랑채와 안채를 완전히 분리하고 넓은 마당을 만들어 여유스러운 모습이다.

우리 몸이 길이의 단위

이렇게 우리가 흔히 사용하는 길이의 단위인 '치, 자, 길, 발, 뼘' 등은 모두 신체 부위에서 유래되었다. 짧게는 손가락 마디부터 길게는 키에 이르기까지 여러 가지 신체 부위가 길이의 단위로 사용되었는데 이것은 표현해야 될 길이가 짧은 것부터 긴 것까지 천차만별이기 때문이다.

마을과 마을 사이

먼 거리를 나타낼 때는 신체 길이로 표현하기가 적합하지 않아 다른 대상을 찾아야 했다. 그래서 주변을 둘러보니 눈에 뜨이는 것이 이웃 마을이었다. 마을과 마을 사이의 거리를 길이의 단위로 삼자는 생각이 든 것이다. 요즘도 시골에서 흔히 볼 수 있는 풍경이지만 옛날에는 집 여러 채가 옹기종기 모여 한 마을을 이루고 거기서 조금 떨어진 곳에 다시 몇 집이 모여 또 다른 마을이 있었다. 그래서 윗마을, 아랫마을이란 말도 사용하곤 했다. 마을과 마을 사이의 거리는 일정하지는 않지만 걸어서 대

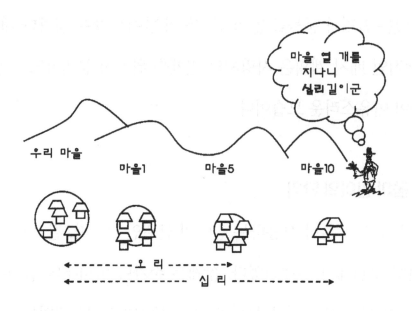

략 5~6분 정도 걸리는 거리였으며 평균적으로 약 400m 내외였다. 그래서 마을 한 개를 지나는 거리를 '리(里)'라는 단위로 나타내었다.

삼천리 금수강산

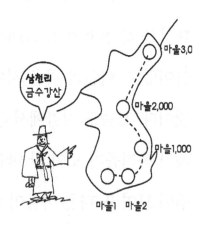

우리 나라는 예전부터 삼천리 금수강산이라고 한다. 한반도의 남쪽 끝에서 북쪽 끝까지 늘어선 마을의 수가 삼천 개이므로 삼천리(三千里)라는 것인데 이는 한반도의 대략적인 크기 1,200km와 잘 일치한다.

십리 절반 오리나무

이와 같이 '리(里)'라는 단위는 마을이라는 말에서 유래되었는데 보통 마을 다섯 개, 또는 열 개를 지나는 거리를 한 묶음으로 하여 '오리', 또는 '십리'라는 말을 많이 사용하였다. 속리산 입구에는 오리 숲이란 곳이 있다. 처음 듣는 사람들은 꽥꽥거리는 오리를 연상하지만 실제로는 가축 오리와는 관계 없고 숲의 길이가 5리가 된다는 뜻이다. '십리 절반 오리 나무'라는 전래동요의 가사처럼 옛날에 거리를 나타내기 위해 이정표로 오리마다 지표목으로 '오리나무'를 심기도 하였다. 오리나무 중에는 사 방사업을 할 때 많이 심어진 나무라 하여 사방오리나무라는 것도 있고, 헐벗은 산야가 씻겨 내려가는 것을 막기 위해 심었다 하여 물오리나무, 또는 산오리나무라고 하는 것도 있다.

두 마장 거리

성인의 경우 십리 길을 걷는 데는 보통 한 시간 정도 걸린다. 때로는 십리나 오리가 되지 못하는 1리, 2리 등의 비교적 짧은 거리를 나타낼 때 는 '리'라는 단위 대신에 '마장'이란 단위를 사용하였다. 그래서 마을 두 개를 통과하는 거리를 두 리라고 하지 않고 두 마장이라고 하였다.

만리장성(萬里長城)

고대 중국에서는 이민족의 침입을 막기 위하여 만리장성을 축조하였는데 진시황 때 이를 더욱 보강하여 오늘 날과 같은 긴 성을 쌓았다. 이 성의 길이는 무려 4,000km 이

상이나 되어 실제로 만리가 넘는다. 그래서 우리는 이 성을 만리장성이라 부르는데 중국인들은 만리란 말을 떼어버리고 그냥 장성(長城)이라고 부른다.

사흘 길

먼 거리를 나타낼 때 사흘 길이란 말을 쓰기도 한다. 걸어서 3일이 걸리는 거리라는 뜻이다. 이보다 짧은 거리를 나타낼 때는 이틀 길이라는 말도 쓰고 하룻길 또는 한나절 길이라는 말도 쓰며 더 짧은 거리로는 반나절 길이란 말도 쓴다. 이러한 거리 표현 방법은 시간을 이용해서 거리를 나타낸 것인데 정확하지는 않지만 대략적인 거리를 나타내는데 적합한 단위로 과거에 많이 사용되었다. 예전에는 하루에 보통 백리를 걸었으므로 하룻길이란 대략 40km를 의미한다.

요즘은 교통기관이 발달하여 서울에서 부산까지도 1일 생활권이란 말을 많이 사용한다. 과거에는 하룻길이란 40km 정도였지만 요즘은 서울에서 부산까지 왕복 800km가 하룻길이 되었으니 거리가 엄청나게 많이 늘어난 셈이다.

서울에서 수원까지는 하룻길?

정조 임금은 효성이 지극하여 억울하게 죽은 부친 사도세자의 능에 자주 성묘를 하였는데 당시의 법에 의하면, 왕은 하루에 100리 이상 갈 수 없도록 되어 있었다. 그런데, 한양에서 사도세자의 능이 있는 수원까지는 100리가 조금 넘었으므로 성묘를 다녀오려면 도중에서 하룻밤을 보내야 하였다. 그래서 민폐를 끼치지 않고 성묘를 다녀오기 위하여 "한양에서 수원까지의 거리를 100리로 한다"고 법을 개정하였다.

언뜻 보기에는 좀 이상하게 개정한 것 같지만, 가만히 생각해 보면 임금이라 하더라도 될 수 있는 한 법을 지키고 편의에 따라 법을 개정하지 않으려는 의지가 나타나 있다. "왕은 하루에 150리 이상 갈 수 없다"라는 식으로 개정하지 않고 위와 같이 개정하면, 한양에서 수원에 갔다 올 때를 제외하고는 종전의 법을 그대로 지킬 수 있기 때문이다.

문학적 표현

김삿갓이 잘만한 데를 찾아 헤매다가 사정사정하여 겨우 어느 집의 쇠 죽 끓이는 아궁이에 들어가서 자게 되었는데 한밤 중에 너무 추워 잠을 깨서 신세 타령을 하였다.

天長九萬里 擧頭難 하늘은 구만리라도 머리 들 수가 없고
地廣三千里 脚植難 땅은 삼천리라도 다리 꽂을 데가 없다.

주인이 우연히 김삿갓의 시를 듣고는 놀라서 사랑방에 모시고 융숭하게 대접하였다는 일화가 있다. 이와 같이 '리', '척' 등의 단위는 문학적인 표현에서도 많이 사용되고 있다.

탐정소설에서는 전혀 사건의 실마리를 찾을 수 없을 때 사건이 오리무중(五里霧中)에 빠졌다고 한다. 마치 오리 앞쪽까지 안개가 낀 것처럼 앞이 전혀 보이지 않아 아무 것도 알 수 없다는 의미이다.

옛날에는 사랑하는 사람이 야속하게도 멀리 떠나가려 하면 '십리도 못 가서 발병 난다'고 애타는 마음을 표현하곤 했다. 즉 마을 열 개도 지나가기 전에 발병이 나서 갈 수 없을 것이라고 저주와 아쉬움이 섞인 마음을 나타내었다.

32

아주 먼 거리는 천리 길이라고 했다. 그래서 아무리 큰 일일지라도 작은 것에서부터 시작해야 한다는 뜻으로 '천리 길도 한 걸음부터'라는 속담을 많이 사용하고 있다. 마을에서 마을까지의 거리가 일리이니 천리란 거리는 마을 천 개를 지나가는 거리이다. 그러니 천리란 거리는 한 걸음 한 걸음 걸어서 가기에 얼마나 먼 거리였을까 짐작이 간다. 그래서 천리 거리는 상징적으로 아주 먼 거리를 나타낼 때 사용하기도 했다. 천리보다도 훨씬 더 멀다는 뜻으로 만리라는 말을 쓰기도 한다. 만리는 대단히 긴 길이이므로 실제 길이를 나타내기 보다는 상징적으로 쓰일 때가 많다. 예를 들어 '엄마 찾아 삼만리', '갈 길이 구만리'라는 표현이 있는데 이것은 실제 거리가 30,000리라든지 90,000리일 수도 있으나 일반적으로는 상상할 수 없을 정도로 아주 멀다는 것을 나타내는 말이다.

'리'라는 단위는 서양에서도 사용하였으며 성경책에도 이러한 표현이 있다. "누구든지 너를 억지로 오리를 가게 하거든 그 사람과 십리를 동행하고"(마태복음 6 : 41)

사자성어(四字成語)

'리', '척' 등의 길이 단위는 사자성어에서도 많이 사용되고 있다.

일사천리(一瀉千里) : 강물이 한번 흘러 천리에 이르는 것처럼 일이 거침없이 속히 진행됨.

불원천리(不遠千里) : 천리 길도 멀다고 여기지 않음.

육척지고(六尺之孤) : 14~15세의 고아 또는 나이 어린 후계자.

때로는 장대를 길이의 단위로 사용하기도 하였는데, 이와 관련된 사자성어로 기고만장(氣高萬丈 : 기세가 장대 만 개 길이만큼 높다. 즉, 기세가 아주 등등함) 이란 말도 있다.

유어

어주구리(漁走九里)

옛날 한나라 때의 일이다. 어느 연못에 예쁜 잉어가 한 마리 살고 있었다. 그러던 어느 날, 어디서 들어왔는지 그 연못에 큰 메기 한 마리가 침입하였고 그 메기는 잉어를 보자마자 잡아 먹으려고 했다. 잉어는 연못의 이곳 저곳으로 메기를 피해 헤엄을 쳤으나 역부족이었고 도망갈 곳이 없어진 잉어는 초인적인 힘을 발휘하여 땅에 튀어 올라 지느러미를 다리 삼아 한참을 뛰기 시작했다.

그때 잉어가 뛰는 걸 보기 시작한 한 농부가 잉어의 뒤를 따랐고 잉어는 마을을 아홉 개나 지나가서야 멈추었다. 그러자, 농부는 이렇게 외쳤다. '어주구리'(漁走九里 : 고기가 9리를 가다). 그리고는 힘들어 지친 그 잉어를 잡아 집으로 돌아가 식구들과 함께 맛있게 먹었다는 얘기 이다.

⑴ 어주구리 : 능력도 안 되는 이가 센척하거나 능력 밖의 일을 하려 고 할 때 주위의 사람들이 쓰는 말이다.

⑵ 이 고사성어는 말 할 때 약간 톤을 높여 하면 상대방을 비꼬는 듯한 의미가 된다.

한문에 나타난 길이

우리가 많이 사용하는 한자 중에는 길이와 관련된 글자도 있다. 손목 정도로 짧은 거리는 마디 촌(寸) 자를 사용하고, 발로 크게 걸어야 할 정 도로 떨어진 거리는 거리 거(距), 도끼를 던져서 날아갈 정도의 거리는 가 까울 근(近) 자를 사용하였다.

가까울 近

마디 寸

寸(마디 촌) : 손목 부근에 점을 찍어 손목 길이처럼 짧은 길이.

距(떨어질 거, 거리 거) : 발(足)로 크게(巨) 걸어야 할 정도로 떨어진 거리.

近(가까울 근) : 도끼(斤)를 던져 다다를(辶) 정도의 거리.

길이와 관련된 한자 말

길이를 나타내는 글자는 단어에서도 특별한 의미를 가지고 있다. 예를 들어 두 점 사이의 길이를 나타내는 사이 간(間) 자를 사용해서 나타낸 표현으로는 좌우간, 양단간, 여하간, 어중간 등 여러 가지가 일상 회화에서 사용되고 있다.

좌우간(左右間) : 어쨌든

양단간(兩端間) : 두 가지 중에

여하간(如何間) : 어떻게 해서든지

어중간(於中間) : 엉거주춤한 형편

노아의 방주

우리 나라에서 신체의 부위를 길이의 단위로 사용했듯이 서양에서도 길이를 나타낼 때 신체를 이용하여 여러 가지 단위를 만들어 사용하였다. 창세기 때 노아가 만든 방주는 큐핏(cupid)이라는 단위를 사용했다. "그 배는 이렇게 만들어라. 길이는 300큐핏, 너비는 50큐핏, 높이는 30큐핏으로 만들어라(창세기 6 : 15)." 큐핏이란 팔꿈치에서 손가락 끝까지의 길이이다. 그러니까 우리 나라에서 사용하는 자보다는 조금 더 긴 길이로써 약 45cm에 해당된다. 따라서 노아의 방주는 가로, 세로, 높이가 각각 135m, 22.5m, 13.5m에 해당하므로 대략 작은 항공모함 정도의 크기이다.

이집트에서는 약 5,000년 전에 피라미드를 만들었는데 그 당시에는

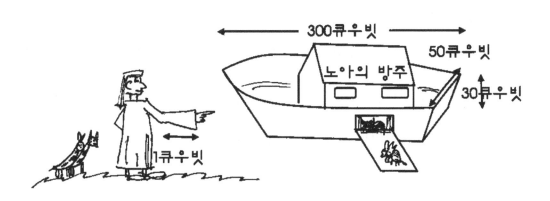

큐핏 단위에 맞추어 막대에 눈금을 그어 자로 사용했다. 근래에 들어서 서양에서는 왕의 신체를 기준으로 길이의 단위로 사용한 점이 일반인을 기준으로 한 동양과 다른 점이다.

루이 14세의 발

서양 사람들이 키를 나타낼 때 사용하는 '피트(feet)'라는 단위는 프랑스의 루이 14세가 자신의 발 크기를 표준길이로 사용하도록 공표한 데서 유래되었다. '피트'는 발 뒤꿈치에서 발가락 끝까지의 길이를 단위로 정한 것이다.

미터법으로 환산하면 1피트는 30.3cm인데 발 크기가 그렇게 큰 사람은 거의 없는 것으로 보아 1피트는 실제로 루이 14세의 발 크기가 아니라 그의 신발의 크기였던 것으로 추정된다. 발 크기를 재겠다고 왕에게 신발과 양말을 벗으라고 할 수 없어 신을 신은 채로 발의 크기를 재었던 모양이다.

헨리 1세의 팔

서양에서는 운동장 크기를 나타낼 때 주로 '야드(yard)'라는 단위를 사용한다. '야드' 단위는 1120년에 영국의 헨리 1세가 만들었는데, 그는 자신의 코 끝에서 팔 끝까지의 길이를 1야드라고 정하고 이를 표준길이로 공표하였다. 이와 같이 서양에서는 절대왕정 시대에 왕의 신체를 길이의 표준 단위로 정하여 사용하였다.

이집트의 탈라타트

고대 이집트인들은 석조 건물을 효율적으로 짓기 위하여 돌을 벽돌처럼 일정한 크기로 잘라서 사용하였다. 돌 벽돌의 길이는 세 뼘 크기로 표준화시켰다. 그래서 고대 이집트에서는 세 뼘 크기의 길이를 '탈라타트'라는 단위로 사용하였다.

신체를 토대로 한 동양과 서양의 길이 단위

이와 같이 과거에는 동양뿐 아니라 서양에서도 손, 발, 팔, 키 등의 각종 신체 부위를 이용한 길이의 단위가 제정되어 근래에까지 사용되었다.

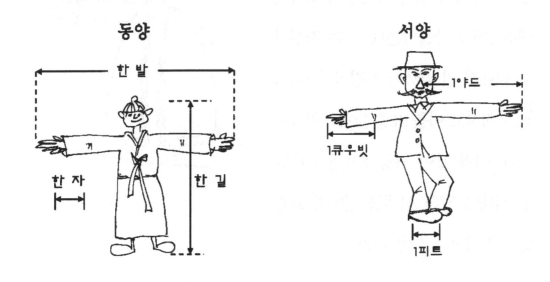

뱁새가 황새 따라 가려다 가랑이 찢어진다

처음에 단위를 정할 때는 인간의 신체 부위의 크기나 동작을 길이의 기준으로 삼는 것이 편리하게 여겨졌으나 사람마다 키도 다르고 팔, 다리의 길이도 다르니 각각의 단위가 정확한 길이를 나타내는 것은 근본적으로 불가능하였다. '뱁새가 황새 따라가려다 가랑이 찢어진다'는 속담과 같이 가랑이라고 똑 같은 가랑이가 될 수는 없는 것이다.

또한 먼 거리를 나타낼 때는 마을과 마을 사이의 거리를 길이의 기준으로 삼았으나 이들 거리 역시 좀 더 길 수도 있고 짧을 수도 있는 법이다. 이와 같이 사람마다 몸의 크기도 다르고 마을 사이의 거리도 각각 다르니 정확하게 길이를 나타내기 위해서는 보다 더 보편적인 길이의 표준이 필요하게 되었다. 그래서 모든 사람들이 보편적으로 사용할 수 있는 단위를 정하기 위해 시야를 더 넓혀 지구를 길이의 표준으로 삼자는 데에 착안하였다. 그리하여 지구 적도에서 북극까지의 거리의 1,000만분의 1을 1m라고 명명하고 이를 길이의 표준으로 삼기로 전세계가 약속을 하였다. 이렇게 하여 길이의 표준으로 사용하고 있는 미터라는 단위가 1799년에 탄생되었다. 최근에는 좀더 정밀하게 길이의 표준을 정하기 위하여 지구의 크기 대신에 빛이 진공 중에서 약 3억분의 1초 동안 진행한 거리를 1m라고 정의하였다.

미터의 탄생 일화

'미터'라는 단위가 탄생되는 데는 우여곡절이 많이 있었다. 1789년, 프랑스 왕정이 무너지고 혁명정부가 섰을 때, 새로 국회의원이 된 페리고올은 세계 사람들이 공통으로 사용할 수 있는 길이의 단위를 정하자고 제안하였다. 그래서 위원회가 구성되고 학자들이 참여하여 의논한 결과 지구의 자오선을 기준으로 삼자는 데 의견을 모았다. 그런데 그 당시의 기술로 자오선을 재는 일이 쉽지 않았다. 그래서 여러 과학자들이 측량 지역을 부분적으로 나누어 자오선의 길이를 측량하기로 하였다.

그 중 드램블이라는 학자는 측량을 위한 표지로써 프랑스의 케르크 마을의 높은 나무 위에 흰 깃발을 달았는데, 그 당시 흰 깃발은 국왕의 표지로 사용되던 것이라 프랑스 혁명정부의 적으로 오인을 받아 곤욕을 치

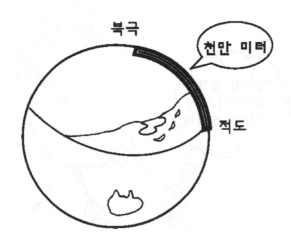

르기도 하였다. 또 아라고라는 학자는 바레아스 제도로 측량하러 떠났다가 간첩으로 몰려 감옥에 갇히기도 했는데 그가 간신히 프랑스로 돌아왔을 때는 셔츠 밑에 감추어 두었던 측량한 종이는 너덜너덜한 상태였다.

이렇게 여러 과학자들이 고생한 끝에 자오선 길이를 정밀하게 측정했으며 이를 토대로 '미터'라는 길이의 기본단위를 정하였다. 이 길이는 온도에 따른 길이의 변화가 작은 백금으로 미터 원기를 만들어 표준길이로 사용하였다. 요즘은 빛이 진공 중에서 1/299,792,458초 동안 진행하는 거리를 1m로 규정하고 있다.

길이의 환산

동양과 서양에서 사용되었던 길이의 단위를 미터 단위로 환산하면 다음과 같다.

(동양)	(서양)
1치(촌 寸)=0.03m	1인치=0.0254m
1자=10치=0.303m	1피트=0.305m
1간=6자=1.82m	1야드=0.914m
1정=109m	1마일=1609m
1리=1296자=393m	1해리(nautical mile)=1,852m

아주 먼 거리

옛말에 바지랑대로 하늘의 크기를 잴 수 없다는 말이 있다. 광대한 하늘을 재려면 이에 버금가는 잣대가 필요하기 때문이다. 거리가 아주 멀거나 긴 것을 측량할 수 없는 것은 비교할 수 있는 잣대가 없기 때문이다. 얀 파브르(Jan Fabre)의 작품, '구름을 재는 남자'를 보면 짧은 막대기로 거대한 구름을 잰다는 것이 얼마나 무모한 짓인가를 알 수 있다. 또한, 별까지의 거리처럼 아주 먼 거리를 나타낼 때는 지상의 물체를 기준으로 하기에 너무 짧으므로 빛이 1년간 진행하는 거리를 기준으로 하여 1광년이라고 한다.

수수께끼

바닷물을 되로 되면 몇 되나 되는가?　… 바다만한 되로 한 되

길이와 관련된 속담

• 척수 보아 옷 짓는다.

- 몸의 치수에 따라 옷을 만든다는 말이니,무엇이든 그 크기에 맞추어 한다는 말.

• 천 길 물 속은 알아도 계집 마음 속은 모른다.

- 여자의 마음은 짐작하여 알기 힘들다는 말.

• 열 길 물 속은 알아도 한 치 사람 속은 모른다.

- 사람 마음은 짐작하여 알기 어렵다는 말.

• 세 치의 혀가 칼보다 날카롭다.

- 말이 칼보다도 더 무섭다는 뜻.

• 한 치 벌레에도 오 분 결기는 있다.

- 아무리 약한 사람도 너무 업신여기면 대항한다.

• 여섯 자의 당당한 몸으로 세 치의 혀놀림을 듣지 말라.

- 사나이는 자기 주관으로 일을 해야지 남의 말을 너무 잘 들어서는안 된다는말.

• 자에도 모자랄 적이 있고, 치에도 넉넉할 적이 있다.

- 무슨 일이든 방법에 따라 해결책이 생긴다는 말.

• 발 없는 말이 천 리 간다.

- 말은 쉽게 퍼지니 언제나 말을 조심하라는 말.

• 사람이 서로 맞대고 말을 해도 그 마음 속에는 천 리가 가로막혀 있다.

- 사람이 서로 사귀더라도 그 마음 속에는 서로 이해하지 못하는 것이 많다는 뜻.

• 천리마 꼬리에 붙은 쉬파리는 천 리를 간다.

- 남의 세력을 잘 이용하여 출세한다는 뜻.

• 천리 방죽도 개미 구멍 때문에 무너진다.

- 큰 일도 사소한 결함으로 인하여 실패하게 된다는 말.

• 천리 길도 문 앞에서 시작된다.

- 천리 길도 문 앞에서 출발하듯이 무슨 일이나 가까운 데서 해나가야 한다는 뜻.

• 주둥이는 천 리를 갔는데 다리는 그대로 남아 있다.

- 사람 걸음보다 소문이 훨씬 빠르게 퍼진다는 뜻.

• 하룻밤을 자도 만리 성을 쌓는다.

- 잠깐 사귀어도 깊은 정을 맺게 된다는 말.

• 좋은 소문은 문밖에 나가지 않으나 나쁜 소문은 천 리 밖에까지 간다.

- 좋은 소문은 퍼지지 않으나 나쁜 소문은 멀리 퍼진다는 뜻.

• 천리 길도 한 걸음부터.

- 아무리 큰 일일지라도 작은 것에서부터 시작해야 한다는 말.

• 바지랑대로 하늘 재기 / 장대로 하늘 재기.

- 도저히 이룰 수 없는 일을 비유하는 말.

- 가능성이 없는 일을 무모하게 하는 어리석음을 나타내는 말

• 두레박줄이 짧으면 깊은 우물물은 뜨지 못한다.

- 작업 조건이 갖추어지지 않으면 일이 이루어지지 못한다는 말.

시간
······

배꼽시계가 식사 시간을 알린다

아침 밥을 먹고 몇 시간이 지나 다시 배가 고파지면 배에서 꼬르륵 소리가 난다. 점심 먹을 시간이 되었다는 것을 배가 알려주는 것이다. 우리가 시계를 보지 않고도 점심 시간을 알 수 있는 것은 음식물이 소화되는 데 걸리는 시간이 비교적 일정하기 때문이다. 그래서 시계가 없어도 밥 먹을 시간이 되었다는 것을 알 수 있어 이를 배꼽시계라고 한다. 이와 같이 어떤 일을 하는데 항상 일정한 시간이 걸리면 이러한 일을 시간의 단위로 삼을 수 있다.

처음에는 시간을 정할 때 우리 신체의 활동을 기준으로 생각하였다. 눈을 깜박이는 시간, 맥박이 뛰는 시간, 숨을 한 번 들이마시는 시간 등이 고려되었으나 이들 시간은 일정치 않아 시간의 단위로는 적합하지 않았다. 그래서 차 마시는 시간, 식사 시간 등의 생활 습관에 따른 시간을

단위로 사용하였으나 이 시간도 변화가 심하므로 대략적인 시간을 나타낼 수는 있으나 정확한 시간을 나타내는 데는 적합하지 않아 드디어는 지구의 자전과 공전을 이용하여 시간의 단위를 제정하였다.

달리의 그림 '기억의 영속'

물체의 길이는 눈에 보이니까 직관적으로 알 수 있지만 시간은 눈에 보이지 않으므로 알기가 쉽지 않고 측정하기도 어렵다. 화가 달리(Dali)는 '기억의 영속'이라는 그림에서 시계를 나뭇가지나 상자 위에 축 처진 형태로 얹어 놓아 시간을 시각적으로 영상화하였다.

옛 글에는 시간을 아껴 쓰라는 의미로 '소년이로 학난성 일촌광음 불가경'(少年易老 學難成 一寸光陰 不可輕 : 소년은 늙기 쉽고 학문을 이루기는 어려우니 한 조각 빛과 그림자도 가볍게 여기지 말라)이라고 하여 시간을 짧은 빛과 그

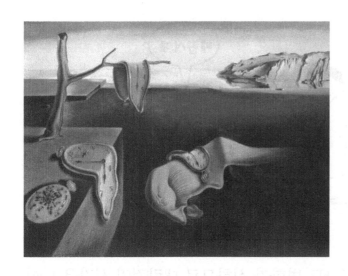

| 달리의 '기억의 영속'

림자로 시각화하였다. 이 외에도 애국가에서는 '동해 물과 백두산이 마르고 닳도록'이라고 하여 시간이라는 말은 전혀 사용하지 않았지만 동해의 물이 마르고 백두산이 닳아 없어지려면 끝없는 시간이 소요되는 것을 연상토록 해서 무한히 긴 시간을 나타내었다.

시간은 돈이다

속담 중에 '시간은 돈이다'는 말이 있다. 시간은 눈에 보이는 것은 아니지만 돈처럼 소중하다는 의미이다. 이는 개념적인 시간을 눈에 보이는 돈으로 영상화하고 물질화한 표현이라 할 수 있다. 또 다른 속담 중에 '세월이 약이다'는 말도 있다. 시간이 가면 슬프거나 괴로운 일도 해결된다는 뜻으로 시간을 물질로 나타낸 표현이다.

7월은 쥴리어스 시저의 달, 8월은 아우구스투스 황제의 달

영어로 7월은 쥴라이(July), 8월은 오거스트(August)라고 한다. 이 말의 어원을 살펴보면 쥴라이는 로마 제국의 쥴리어스 시저(Julius Caesar), 오거스트는 아우구스투스(Augustus) 황제로부터 비롯되었다. 이와 같이 서양에서는 집권자들이 자신의 이름을 시간을 나타내는 달력에 사용하여 영원토록 존엄성을 나타내려 하였다. 또한 동양에서는 '건륭 2년', '세종 12년' 등 시간 앞에 황제나 왕의 이름이 들어간 연호를 붙여 시간을 신의 영역에서 황제의 영역으로 바꾸려고 하였다.

내 몸이 시계

옛날에는 신체의 부위를 길이의 단위로 사용했듯이 인체의 주기적인 동작을 기준으로 시간의 단위를 정하려고 시도하였다. 요즘에도 일상회화에서 아주 많이 사용되는 말로 순식간(瞬息間)이란 단어가 있다. 어떤 일이 급하게 발생했을 때 순식간에 일이 일어났다고 한다. 눈 한번 깜짝하는 시간, 또는 숨 한번 쉬는 정도의 아주 짧은 시간이란 뜻이다. 이와 유사한 뜻으로 순간(瞬間)이란 단어도 있다. 눈 깜짝할 사이의 대단히 짧은 시간이란 의미이다. 아직 시계가 발명되기 이전에는 0.1초 정도의 아주 짧은 시간을 눈의 깜박임이나 숨쉬기 등 우리 신체의 작용을 이용해서 표현하고자 했던 것이다.

중국에서도 눈 동작을 이용해서 짧은 시간을 나타냈는데 우리가 눈의 깜박임으로 짧은 시간을 나타낸 반면에 중국에서는 눈을 굴리는 것을 쟌유엔(轉眼)이라고 하여 아주 짧은 시간을 표현하고 있다.

신체의 또 다른 동작으로는 맥박을 사용하여 시간을 재려고 하였다. 그러나 사람마다 맥박이 다를 뿐 아니라 동일 인물이더라도 상황에 따라 맥박이 크게 달라지므로 맥박을 시간의 단위로 삼을 수는 없었다. 또한 배꼽시계도 실제로 시간을 나타내기에는 너무나 부정확하고 일관성이 없으므로 신체를 이용해서 시간을 표현하는 것은 적합하지 않다는 것을 깨닫고 새롭게 착안한 것이 사람들의 생활 습관이다.

유머

낙하병이 비행기에서 뛰어내리는 훈련을 하고 있었다. 조교는 신병들에게 비행기에서 뛰어내리고 정확히 4초 후에 낙하산을 펴야 한다고 하였다. 그리고 시간을 재는 방법으로 '원 사우전드, 투 사우전드, 쓰리 사우전드, 포 사우전드'까지 세고 낙하산을 펴라고 하였다. 드디어 실전의 시간이 되어서 낙하를 하였는데, 한 병사는 땅에 떨어질 때까지 낙하산을 펴지 못하고 있었다. 나중에 밝혀진 바에 의하면 그는 말더듬이였다. 그는 이렇게 시간을 재고 있었다. '와 와 완 사삿사 사우전 드, 투투투 사삿사 사우전 드, 쓰 쓰 쓰리…'.

생활 습관이 시계

우리의 일상생활 중에는 비교적 일정한 시간이 소요되는 것이 여러 가지 있다. 이들 중에는 식사 시간, 차 마시는 시간, 역마차가 달리는 시간, 연극의 막과 막 사이의 시간 등이 고려되었다.

다반사(茶飯事)

옛날에는 음식을 먹는 것처럼 차를 마시는 것도 일상적인 일로 간주되었다. 그래서 항상 있는 일이나 예사로운 일을 항다반사(恒茶飯事)라고 하였으며 요즘은 줄여서 '다반사'라는 말로 많이 사용하고 있다. 이러한

일상생활은 사람마다 차이는 있지만 대개 비슷한 시간이 걸린다. 그래서 차 한잔 마실 동안의 시간을 단위로 사용하였다. 이 시간을 다경(茶頃)이라 하는데 일 다경(一茶頃)은 보통 15분 내지 20분을 뜻한다.

밥 한 끼를 먹는데 걸리는 시간도 보통 비슷하므로 식사하는데 걸리는 시간도 사용했다. 이 단위가 식경(食頃)이며 약 30분 전후를 뜻한다.

막간을 이용해서

연극은 보통 3막이나 4막으로 구성되어 있으며 이에 따라 무대가 3~4번 바뀌게 된다. 무대장치를 바꾸기 위해서는 막과 막 사이에 휴식시간을 두는데 이 시간을 '막간(幕間)'이라고 한다. 이런 데서 연유하여 한 가지 일과 다른 일 사이의 틈새 시간을 보통 막간이라고 말하며 이 시간은 2~3분 정도를 의미한다.

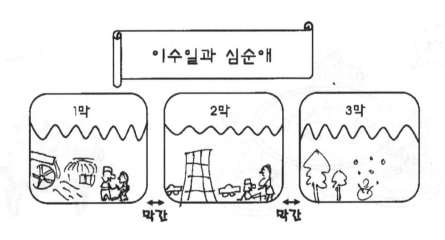

한참 동안

역마차가 한 역을 출발하여 다음 역에 도착할 때까지 걸리는 시간을 이용하기도 하였다. 그 시간 단위로는 옛날 말로 역을 의미하는 참(站)을 사용하였다. 중국에서는 지금도 역이나 정거장을 참(站 : 중국어 발음으로는 짠)이라고 한다. 즉, '한참 동안'이란 말은 역 한 구간을 통과하는 동안 걸리는 시간을 뜻한다. 옛날에는 이 시간이 약 30분에서 2시간 정도 걸리는 시간이었다. 역 사이의 거리가 일정하지 않으니 한 역을 통과하는데 걸리는 시간이 일정할 리가 없다. 그래서 요즘도 우리의 일상생활에서 흔히 사용되는 '한참 동안' 이란 말은 원래의 뜻은 잊혀진 채 정확히 몇 분이라든지 몇 시간이라고 정의할 수 없이 막연히 그냥 좀 긴 시간을 지칭할 때 사용된다.

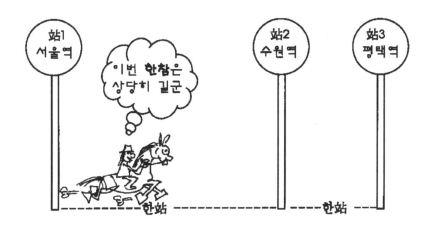

몽골의 역마제도

칭기즈칸은 광범위한 영역에 걸쳐 정복이 이루어지자 동서의 원활한 교통을 위하여 얌(Yam)이라는 역전(驛傳)을 만들었다. 대상들의 무역로를 따라 약 100마일 간격으로 초소를 설치하였는데 이것이 13세기에 만들어진 아시아 최초의 역마제도이다.

일상생활을 토대로 한 시간

한 시진(時辰) - 약 2시간

한 식경(食頃) - 밥 한 끼를 먹을 동안, 약 30분

일 다경(一茶頃) - 차 한 잔을 마실 동안, 15~20분

원래의 뜻은 잊혀진 채 요즘도 많이 사용되는 말

한참(站) 동안 - 역 한 구간을 통과하는 시간

순식간(瞬息間) - 눈 깜짝하고 숨 한번 쉬는 시간

막간(幕間) - 연극에서 막과 막 사이 쉬는 시간

한문에 나타난 시간

불원간(不遠間) : 멀지 않은 거리를 가는 데 걸리는 시간으로써 '오래잖

아' 란 뜻으로 쓰인다.

조만간(早晚間) : 아침과 저녁 사이를 뜻하는 시간으로써 '머지 않아' 란 뜻으로 쓰인다.

일반적인 시간의 의미를 나타내는 한자

時(때 시) : 해(日)의 위치에 따라 절(寺)에서 종을 쳐 시간을 알린다는 것을 표현한 글자이다. 일반적으로는 시중들기 위해 대기하는(寺) 사람이 해(日) 그림자를 엿보며 출사할 준비를 하는 모습을 나타낸 것으로 '시간'(時間)이라는 의미를 표현한 것이다.

曆(책력 력) : 강물이 넘쳐서 만들어진 기름진 언덕(厂)에 자란 벼(禾)가 차례로 베어지는 모습처럼 태양(日)이 뜨고 지며 세월이 가는 현상을 표현한 글자이다. (예) 陰曆 음력

更(지날 경) : 궁궐 성루의 천장에 매단 북이나 징(日)을 종 대(一)로 치는 손(乂)을 표현한 글자

冥(어두울 명) : 덮이는 (冖)해(日) 때문에 오후 여섯(六)시부터는 어두워지는 것을 나타낸다.

짧은 시간의 의미를 나타내는 한자

間(사이 간) : 문 틈으로 얼핏 보이는 태양은 금방 지나간다. 이와 같이 문(門) 사이에 태양(日)이 머무는 것처럼 짧은 동안, 또는 문(門) 안으로 햇빛(日)이 들어오는 짧은 시간을 나타낸다.

閃(빛날 섬) : 약간 열린 문(門) 사이로 아주 빨리 지나가는 사람(人)의 모습처럼 짧은 동안을 형상화한 글자이다. (예) 섬광 閃光

秒(까끄라기 초, 작은 단위 초) : 벼(禾)가 조금(少) 망가진 것처럼 아주 짧은

시간, 또는 *까끄라기*처럼 작은 단위를 나타낸다.

暫(잠깐 잠) : 마차를 끌고 가던 말이 물에 빠져 위험한 지경에 이르게 되자 마차(車)를 연결한 줄을 도끼(斤)로 끊는 데 걸리는 아주 짧은 시간을 나타낸다. (예) 잠시 暫時

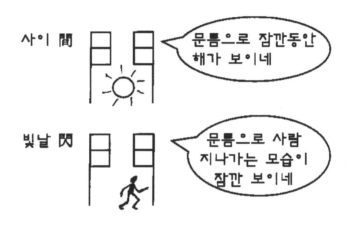

조금 긴 시간의 의미를 나타내는 한자

昨(어제 작) : 지나간 지 얼마 안된(乍) 발자국이 만들어진 날(日)로 어제라는 의미를 표현

旬(열흘 순) : 무덤에 들어가 누운 이(勹)의 숨 멈추는 대강의 시간(日)으로 단위를 표현하거나, 날(日)을 묶어 싼(勹) 단위로써 열흘을 의미하기도 한다.

(예) 上旬(상순) : 한 달 가운데 첫 열흘간의 사이, 旬報(순보) : 열흘 만에 한번씩 내는 신문 (漢城旬報)

긴 시간의 의미를 나타내는 한자

舊(옛적 구):수풀(++) 속에 파놓은 구덩이(臼)에 새(隹)가 빠져 죽은 지 오래된 모습을 시간으로 표현한 글자이다. (예) 구랍(舊臘)

季(끝 계, 계절 계) : 한 해의 추수가 다 끝나고 아이(子)들이 떨어진 벼(禾) 이삭을 줍는 모습, 또는 벼(禾) 열매(子)가 익어감을 보고 계절을 짐작한다는 것을 표현한 글자이다. (예) 계절(季節), 사계(四季)

歲(해 세) : 여기저기 돌아다니며(步) 낫처럼 날카로운 도구를 이용하여 추수하는 사람(戌)을 표현함으로써 하(夏) 나라에서는 일년 농사와 더불어 한 해가 끝났음을 의미하였다. (예) 세배(歲拜)

年(해 년) : 추수한 벼(禾)를 들고 바쁘게 다니는 사람들(千)의 모습이나

60

발자국(止)을 표현함으로써 주(周) 나라에서는 한 해가 다 끝났음을 의미하였으며, 낮(午)이 숨은 듯(ㅗ) 가고 오고 하여 해가 바뀌고 나이를 먹는다는 의미이기도 하다. (예) 금년(今年), 내년(來年), 세세년년(世世年年)

祀(제사 사) : 상(示) 앞에서 절하는 사람(巳)을 표현함으로써 상(商) 나라에서는 추수가 끝나고 지내는 제사로 1년을 의미하였다.

항상 같은 시간에 마을을 지나가는 칸트

개인적인 느낌으로는 시간이 빨리 지나갈 수도 있고 늦게 지나갈 수도 있겠지만 객관적으로 시간을 표현하기 위해서는 주기적 움직임을 이용하면 된다. 매일 아침 8시 반이 되면 우리 집 앞을 지나 산에 올라 가는 사람이 있다. 걸음걸이가 약간 어눌한데 항상 똑 같은 시간에 지나간다. 처음에는 그 사람이 지나갈 때 몇 번 시계를 보았는데 항상 같은 시간에 지나가기 때문에 이제는 그 사람이 지나가면 8시 반인 줄을 알게 되었다. 왜냐하면 그 사람은 매일 같은 시간에 우리 집 앞을 통과하기 때문이다. 어제도, 오늘도 그러했듯 내일도 그 사람이 지나가면 8시 반일 것이다.

유명한 독일의 철학자 칸트도 항상 같은 시간에 마을을 지나갔기 때문에 그 마을 사람들은 시계가 필요 없었다는 일화도 있다. 이렇게 일정한 시간마다 똑 같은 일이 반복되는 주기적인 일은 시간의 표준이 될 수 있다. 우리가 늘 경험하는 주기적인 일은 매일 해가 뜨고 지는 것, 매년 봄, 여름, 가을, 겨울이 오는 것 등이다. 그래서 옛날부터 지구의 자전과 공전을 시간의 표준으로 삼았다.

한나절과 반나절

해가 뜨고 지는 것은 매일마다 주기적으로 반복되므로 옛날부터 이것을 시간의 표준으로 삼았다. 즉 아침에 해가 떠서 다음날 아침에 다시 해가 뜰 때까지의 시간을 하루라고 하였으며, 이것이 보편적으로 많이 사용하는 시간의 단위이다. 또한 하루의 절반도 시간의 단위로 사용했는데 이를 한나절이라고 한다. 한나절이란 아침부터 저녁까지의 시간을 말하며 이 시간의 반을 반나절이라 하여 낮 시간 중 오전 또는 오후를 뜻한다. 한나절과 반나절은 지금도 일상생활에서 많이 사용하고 있다. 영어로는 한나절과 반나절을 각각 a half day, a quarter of a day 라고 하는 데서 알 수 있듯이 서양에서는 하루(a day)를 단위로 사용하였을 뿐 한나절을 단위로 사용하지는 않았다.

계절이 시계

지구를 이용하여 길이의 단위를 만들듯이 시간의 단위도 지구를 이용하여 만들었다. 지구의 자전과 공전이 주기적이라는 점, 즉 자전과 공전에 걸리는 시간이 거의 일정함에 착안하여 지구의 운동을 시간의 표준으로 사용하였다. 지구가 자전하는 시간을 하루 또는 1일이라 정하고, 지구가 태양의 둘레를 한 바퀴 도는 공전 시간을 1년이라 하였다. 기다리는 마음이 간절할 때는 짧은 시간도 길게 느껴진다는 뜻으로 '일일 여삼추'(一日如三秋)라고 한다. 하루가 마치 가을이 세 번 지나듯이, 즉 3년처럼 길게 느껴진다는 뜻이다. 가을이란 해마다 반복되는 계절이다. 따라서 날과 계절이 일정하게 반복되는 현상을 이용하여 1일을 시간의 단위로 삼았다.

그리고 이보다 짧은 시간의 단위로 1일의 1/24을 1시간, 1시간의 1/60을 1분, 1분의 1/60을 1초라고 하여 비교적 긴 시간에서 아주 짧은 시간에 해당하는 시간의 단위를 만들었다. 또한 1시간을 4등분한 시간, 즉 15분을 일각(一刻)이라 한다. 우리 나라에서는 시간을 나타낼 때 사용하지는 않고 일상용어에서 '일일 여삼추'와 같은 의미로 '일각 여삼추'(一刻如三秋)라 하여 문학적인 표현에 많이 사용되고 있다. 그러나 중국에서는 이커(一刻), 미국에서는 쿼터(quarter)라는 말을 15분이란 뜻으로 시간을 표현할 때 많이 사용하고 있다.

유머

<백일장>

어느 선생님이 시골 학교에 부임해 국어 수업을 시작했다.

"여러분 중에 백일장에 나가본 학생은 손들어봐요!"

한 명도 손을 들지 않자 실망한 선생님이 다시 말했다.

"정말 아무도 백일장에 나가본 사람이 없어요?"

그러자 한 학생 왈,

"선생님, 우리 동네는 오일장인데요."

(여기서 오 일은 시골 장이 열리는 시간의 단위이다).

옛날 사람들의 시간

동양에는 해마다 띠라는 것이 정해져 있다. 쥐(子)를 비롯하여 소(丑), 호랑이(寅), 토끼(卯), 용(辰), 뱀(巳), 말(午), 양(未), 원숭이(申), 닭(酉), 개(戌), 돼지(亥) 등 열 두 동물을 이용하여 띠를 정하는데 이를 '12지(十二支)'라고 한다. 옛날에는 12지를 이용하여 하루를 12 등분하여 자시, 축시, 인시 등으로 명명하였으며 이를 시간의 명칭으로 삼았다. 이와 같이 요즘은 하루를 24등분하여 '시간'이라는 단위를 사용하는데 반하여 옛날에는 하루를 12등분하여 2시간을 하나의 시간 단위로 사용하였다.

특히 밤에 해당되는 시간인 저녁 7시부터 새벽 5시까지는 경(更)이라는 명칭을 붙여 구분하였다. 밤이 시작되는 술시(戌時)를 초경(初更)이라하고, 새벽이 다가오는 인시(寅時)를 오경(五更)이라 하여 하룻밤을 5등분하여 밤 시간을 나타내었다. 이와 같이 예전에는 시(時) 또는 경(更) 등을 시간의 단위로 사용하였다. 옛날에 사용되던 시간 중 한밤중을 가리키는 자시(子時)는 오후 11시부터 오전 1시까지인데 그 중에서 밤 12시 정각을 자정(子正)이라고 한다. 또한 한낮을 가리키는 오시(午時)는 오전 11시부터 오후 1시까지인데 그 중 낮 12시 정각을 정오(正午)라고 한다. 이와 같이 12지를 사용한 시간은 요즘은 사용하지 않지만 자정이나 정오라는 말은 요즘도 많이 사용되고 있다.

이화에 월백하고 은한이 삼경인제

하얗게 핀 배꽃에 달이 환히 비치고 은하수는 돌아서 자정을 알리는 때에 배꽃 한 가지에 어린 봄날의 정서를 그린 이조년의 시에 다음과 같은 것이 있다.

이화(梨花)에 월백(月白)하고 은한(銀漢)이 삼경(三更)인 제,

일지 춘심(一枝春心)을 자규(子規)야 알랴만은

다정(多情)도 병(病)인양하여 잠못들어 하노라.(이조년, 1269~1343)

이 시에서는 자정을 삼경이란 말로 나타내었다.

하루를 12등분한 시간의 명칭

자시(子時) 오후 11시 – 오전 1시 (3경)

축시(丑時) 오전 1시 – 오전 3시 (4경)

인시(寅時) 오전 3시 – 오전 5시 (5경)

묘시(卯時) 오전 5시 – 오전 7시

진시(辰時) 오전 7시 – 오전 9시

사시(巳時) 오전 9시 – 오전11시

오시(午時) 오전 11시 – 오후 1시

미시(未時) 오후 1시 – 오후 3시

신시(申時) 오후 3시 – 오후 5시

유시(酉時) 오후 5시 – 오후 7시

술시(戌時) 오후 7시 – 오후 9시 (초경)

해시(亥時) 오후 9시 – 오후 11시 (2경)

밤을 나타내는 시간

초경(初更) 오후 7시 - 오후 9시 (술시)

이경(二更) 오후 9시 - 오후 11시 (해시)

삼경(三更) 오후 11시 - 오전 1시 (자시)

사경(四更) 오전 1시 - 오전 3시 (축시)

오경(五更) 오전 3시 - 오전 5시 (인시)

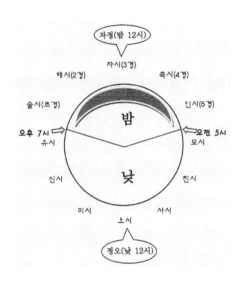

술 주(酒)자의 유래

닭이 잠자리에 들 시간인 오후 5~7시를 유시(酉時)라고 한다. 술(水)을
마시더라도 닭이 잠자리에 드는 유(酉) 시까지만 마시라는 데에서 유래
된 글자이다.

모래시계로부터 원자시계까지

우리는 시간이라고 하면 시계를 떠올린다. 즉 시계란 시간을 시각적으로 이해하는 매개체인 셈이다. 시간을 재는 도구로 초기에는 막대기의 그림자를 이용하는 해시계로부터 시작하여 물시계, 모래시계 등이 고안되었다.

그러나 이들은 정확한 시간을 측정하는데 부적합하며 시간을 초 단위까지 정밀하게 측정하는 것은 추시계부터 가능하였다. 갈릴레이는 진자의 길이가 일정하면 추가 한 번 왕복하는데 걸리는 시간이 항상 일정하다는 진자의 등시성을 발견하였으며 이를 이용하여 추시계가 발명되었다. 그 후 용수철시계를 거쳐 요즘은 전자시계가 많이 사용되고 있는데 수정이 초를 만드는 기본 역할을 한다. 얇은 수정 막에 전기를 연결하면 자동적으로 떨림 현상이 일어난다.

1초는 이 떨림 현상을 이용해 만든다. 보통 시계에 사용하는 수정 막은 1초에 위 아래로 32,768번 진동하는 것을 사용한다. 수정 막이 32,768번째 떨릴 때 톱니바퀴 등 기계 부품을 이용하여 초침이 1초를 움직이도록 하거나 초에 해당하는

모래가 흘러내리듯이
시간도 흐르고…

숫자를 하나 더하도록 하는 것이다. 수정 막의 진동수를 세는 역할은 반도체로 만든 부품이 맡는다. 특히 우수한 정밀도가 요구되는 경우는 정밀도가 1/10억 보다 좋다고 알려진 원자시계를 이용한다.

원자시계는 외부에 의한 영향을 거의 받지 않는 원자의 진동주기를 이용한 것이다. 우리 나라 표준으로 사용하는 원자시계는 세슘 원자가 약 92억 번 진동하는 데 필요한 시간을 1초로 간주한다.

코리안 타임

육이오 사변이 나고 서양 사람들이 우리 나라에 왔을 때까지만 해도 우리 나라는 농경시대를 구가하고 있었다. 청춘 남녀들이 데이트 약속을 하는 것도 해가 진 후 물레방아간에서 만나자는 정도이니 정확한 시간에 대한 개념이 없던 시대였다. 서양 사람들이 여러 가지 의논을 하기 위해서 한국 주민들과 만날 약속을 하지만 주민들은 번번이 늦게 나타나서 낭패를 볼 때가 많았으며 그래서 그들이 붙여준 명칭이 '코리안 타임'이었다. 요즘은 우리 나라 사람들이 세계 어느 민족보다도 시간을 잘 지키는데, 그 때는 시간을 지키지 않는다고 알려진 것은 한편으로는 문화적인 요인도 있었지만 또 다른 중요한 이유는 그 당시에는 시계가 귀했기 때문이었다.

유머

<소원>

옛날에 왕을 위해 열심히 일을 한 광대가 있었는데, 어느 날 돌이킬 수 없는 실수를 저질러 왕의 노여움을 사서 사형에 처해지게 되었다. 왕은 그동안 광대가 자신을 위해 노력한 것을 감안하여 마지막으로 자비를 베풀기로 마음먹고 이렇게 말했다.

"너는 큰 실수를 저질러 사형을 면할 수는 없다. 그러나 그 간의 정을 감안하여 너에게 선택권을 줄 것이니 어떤 방법으로 죽기를 원하는지 말하라."

그러자 광대가 말했다.

"그냥 늙어서 죽고 싶사옵니다."

자동 물시계-자격루

우리나라에서는 삼국시대부터 물시계가 사용되어 왔으나 정해진 시간에 종, 징, 북 등을 저절로 쳐서 시간을 알려주도록 만든 자동 물시계는 세종 16년(1434)에 장영실에 의해서 처음으로 발명되었는데 이 물시계가 자격루이다. 자격루는 물의 흐름을 이용해 두 시간에 한번씩 12지시마다 종을 울리고, 각각의 시간에 해당하는 동물 인형(자시의 쥐, 축시의 소 등)이 시보상자 구멍에서 튀어 오르도록 했다. 그리고 밤 시간인 5경에는 북과 징을 울리도록 하였다.

자격루는 크게 세 부분으로 나뉘는데 왼쪽에는 수압과 수위를 조절하는 수위 조절용 항아리, 중앙에는 두 개의 계량용 항아리, 오른쪽 부분에는 시간을 알리는 시보(자격) 장치가 있다. 보루각 안에는 층층이 다락마루를 놓아 맨 위 층에 용 모양의 도수관이 달린 커다란 저수조를, 그 밑에 단계적으로 수압 조절용, 수위 조절용 항아리들을 놓아 일정한 유량이 계량호에 유입되도록 한 다음, 계량호 안에 거북 모양의 부자를 넣고 그 위에 시간 눈금을 새긴 잣대를 꽂는 물시계를 만들었다.

자동 물시계의 제일 위에 있는 물 보내는 큰 그릇인 파수호에 물을 부어 주면, 그 물은 아래의 작은 물 보내는 그릇을 거쳐 같은 시간에 같은 양의 물이 제일 아래 길고 높은 물받이 통인 수수호에 흘러 든다. 수수호 통에 물이 고이면 그 위에 떠 있는 잣대는 점점 올라가 미리 정해진 눈금에 닿으며 그곳에 장치해 놓은 지렛대 장치를 건드려 그 끝의 쇠 구슬을 구멍 속에 굴려 넣어 준다. 이 쇠 구슬은 다른 쇠 구슬을 굴려주고, 그것들이 차례로 12시 로봇과 경점 로봇들이 연결된 여러 공이를 건드려 종, 징, 북을 울리기도 하고, 또는 인형이 나타나 시각을 알려 주는 팻말을 들어 보이기도 한다. 이 유물은 쇠 구슬이 굴러 조화를 일으키는 시보

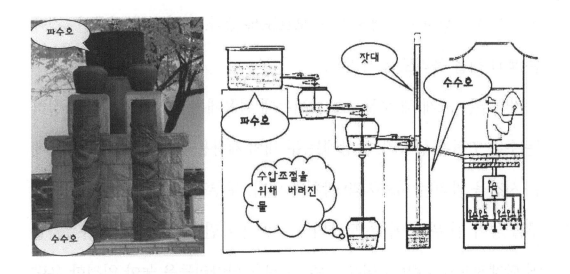

장치 부분은 없어진 채 지금은 물통 부분들만 남아 있다. 자격루는 국보 229호로 지정되어 있으며, 정확한 명칭은 '보루각 자격루'이다.

장영실의 출생과 관직

장영실은 기생의 소생으로 태어난 관노 출신이었으나 어려서부터 탁월한 재능을 발휘하여 세종의 부왕인 태종 때 발탁되어 궁중에서 일하게 되었다. 세종은 제련 및 축성, 무기, 농기구의 수리에 뛰어난 장영실을 가까이 두어 천문의기 제작 사업을 비롯한 과학 진흥 사업에 참여시키고자 하였다. 엄격한 신분제가 행해지던 당시에 노비 출신인 자를 궁중에 두어 관리로 중용케 한다는 것은 상식 밖의 일이었으나 장영실에게 임금의 의복을 만들고 대궐 안의 재물과 보물의 관리를 맡아 관리하는 상의

원 별좌라는 직책으로 채용하였다.

 장영실의 출생과 그가 관직에 등용되기까지의 과정에 대하여 기록된 「세종장헌대왕실록」에 수록된 내용은 다음과 같다. "안승선에게 명하여 영의정 황희와 좌의정 맹사성에게 의논하기를, '장영실은 그 아비가 본디 원나라 소항주 사람이고, 어미는 기생이었는데, 공교한 솜씨가 보통 사람에 비해 뛰어나므로 태종께서 보호하시었고, 나도 역시 이를 아낀다. 임인·계묘년 무렵에 상의원 별좌를 시키고자 하여 이조판서 허조와 병조판서 조말생에게 의논하였더니, 허조는 '기생의 소생을 상의원에 임용할 수 없다'고 하고, 조말생은 '이런 무리는 상의원에 더욱 적합하다'고 하여 두 사람의 의견이 일치하지 아니하므로 내가 굳이 하지 못하였다가 그 뒤에 다시 대신들에게 의논한즉, 유정현 등이 '상의원에 임명할 수 있다'하여 내가 그대로 따라서 별좌에 임명하였다. 장영실의 사람됨이 비단 공교한 솜씨만이 있는 것이 아니라 성질이 똑똑하기가 보통에 뛰어나서 매양 강무할 때에는 나의 곁에 가까이 모시어서 내시를 대신하여 명령을 전하기도 하였다."

수수께끼

안 먹을래야 안 먹을 수 없고., 먹어도 배는 안 부르고,

많이 먹으면 죽는 것은?   … 나이

시간과 관련된 속담

• 밤 잔 원수 없고, 날 샌 은혜 없다.

– 원수나 은혜는 세월이 가면 다 잊어 버리게 된다는 뜻.

• 십 년 세도 없고 열흘 붉은 꽃 없다.

– 사람의 부귀영화는 쉴 새 없이 바뀌어 오래가지 못함을 비유하는 말이다.

• 십 년이면 산천도 변한다.

– 세월이 흐르면 모든 것이 다 변한다는 뜻.

• 듣는 귀는 천 년이요, 말한 입은 사흘이다.

– 언짢은 말을 들은 사람은 두고두고 잊지 않고 있지만, 말한 사람은 바로 잊어버리게 된다는 것을 비유하는 말이다.

• 개 꼬리 삼 년 두어도 황모되지 않는다.

– 본시 바탕이 나쁜 것은 아무리 오래 두어도 좋아지지 않는다는 뜻.

• 하루를 살아도 천 년 살 마음으로 살랬다.

- 미래에 대한 계획을 세우면서 살아야 한다는 뜻.

• 하루를 살아도 천 년을 죽은 것보다 낫다.

- 비천하고 욕된 삶을 고통스럽게 이어간다 해도 죽는 것보다는 낫다.

• 하루 물림이 열흘 간다.

- 한번 뒤로 미루기 시작하면 자꾸 더 미루게 된다는 뜻이며, 무슨 일이나 뒤로 미루면 안된다는 것을 이르는 말이다.

• 세살적 버릇 여든까지 간다.

- 어릴 때 몸에 젖은 버릇은 늙도록 고치기 힘들다.

• 한 날 한 시에 난 손가락도 길고 짧다.

- 세상의 모든 것이 똑같기는 힘들다.

• 한 집에서 삼 년 살고도 성도 모른다.

- 가까운 사람을 등한히 하고 있다는 뜻.

• 장대 끝에서 삼 년 난다.

- 몹시 어려운 환경에서 오랫동안 고생을 했다는 뜻.

• 새벽 달 보자고 초저녁부터 기다린다.

- 무슨 일을 너무 일찍부터 서두른다는 뜻.

• 백 년을 살아야 삼만 육천 일이다.

- 사람이 아무리 오래 산다 해도 헤아려 보면 짧다는 뜻.

• 구년 농사에 삼년 먹을 것은 남아야 한다.

- 농사는 삼 년에 한 번 흉년 들 것을 예견해서 삼 년 농사에 일 년 양식이 남아돌도록 되어야 한다는 말.

• 부자 삼 대 못 가고 가난 삼 대 안 간다.

- 빈부는 돌고 도는 것이기 때문에 부자도 오래 유지하지 못하며 가난한 사람도 오래 안 가서 부자가 될 수 있다는 뜻.

• 천 날 가뭄은 싫지 않아도 하루 장마는 싫다.

- 가뭄의 피해보다 장마의 피해가 훨씬 크다는 뜻.

• 고려 때 공사는 삼 일마다 바뀐다.

- 정치와 법령이 사흘도 못 가서 자주 바뀐다는 말.

• 아침 먹고는 낮에 할 일을 생각하라.

- 하루 할 일은 아침에 생각하여 계획을 세워서 하라는 뜻.

• 나이가 십 년 맏이면 형처럼 공경해야 한다.

- 자기보다 나이가 십 년 이상이 많으면 형님과 같이 대접해야 한다는 말.

• 저래도 한때요 이래도 한때다.

- 세월을 이렇게 보내나 저렇게 보내나 보내기는 매한가지란 말.

• 가는 날이 장날.

- 무슨 일을 하려고 하던 차에 우연히도 뜻하지 않은 일을 당함을 비유하여 이르

는 말.

• 시간은 금이다.

- 시간은 매우 소중하니 시간을 아껴 쓰라는 말.

• 배꼽시계.

- 배가 고픈 것으로 시간을 짐작할 수 있다는 말.

• 시간은 언제까지든 당신을 기다리는 것은 아니다.

- 무슨 일이나 뒤로 미루면 안된다는 것을 이르는 말.

• 미래를 신뢰하지 마라.

- 앞 일은 불확실한 법이니 현실에 충실하라는 말.

• 세월은 흐르는 물 같다.

- 세월이 몹시 빠르다는 말, 세월은 한번 가면 다시 못 돌아온다는 말.

• 세월이 약이다.

- 시간이 지나면 슬픔이 덜어진다는 말.

• 현재에서 미래는 태어난다.

- 오늘을 충실하게 사는 사람이 미래를 보장받을 수 있다는 말.

• 제일 많이 바쁜 사람이 제일 많은 시간을 가진다.

- 부지런히 노력하는 사람이 결국 많은 대가를 얻는다는 뜻.

• 한 시(時)를 참으면 백 날이 편하다

- 세상살이란 한 때의 어려움, 한 때의 흥분 등을 꾹 참으면 앞날의 일이 편하게 된다는 말.

• 시간은 우정을 강하게 만들고 사랑은 약하게 만든다.

- 오래될수록 우정은 더욱 돈독해지고 사랑은 변하기 쉽다는 말.

• 시간을 잘 맞춘 침묵은 말보다도 좋은 웅변이다.

- 적절한 침묵은 좋은 말솜씨보다 설득력이 있다는 말.

• 시간이 모든 것을 말해준다.

- 세월이 지나면 해결되지 않을 일이 없다는 말.

유머

〈밤 손님과 낮 손님〉

예전에는 도둑들이 밤에 활동했으므로 도둑을 밤손님이라고 지칭하였으나 요즘은 낮에 빈 집을 터는 도둑들이 많으므로 낮손님이라고 불러야 한다는 주장도 있다.

질량

저울은 진실하고 중량은 같아야 하리라

네델란드 화가 퀀텐마시스는 '대금업자와 그의 부인'이라는 그림에서 대금업자가 동전의 무게가 같은지를 일일이 달고 있는 모습을 묘사하였는데, 이 그림의 액자에는  "저울은 진실하고 중량은 같아야 하리라"는 문귀가 적혀 있다. 저울은 초기에는 금의 무게를 달기 위해서 발명되었는데 물체의 무게를 달기 시작한 것은 고대 이집트까지 거슬러 올라간다.

금 한 돈과 쇠고기 한 근

아기가 태어나면 제일 먼저 무게를 단다. 또한 건강이나 미용을 위해서 사람들은 규칙적으로 저울 위에 올라서서 몸무게를 재고, 금이나 은과 같은 귀중품을 거래할 때나 시장에서 식료품을 구입할 때도 무게를 단다.

무게를 재려면 모든 사람들이 공감할 수 있는 기본단위가 있어야 되는데 동서양에 관계없이 무게의 단위는 곡식에서 시작되었다. 그 후 생활에 편리하게 여러 가지의 단위가 고안되었는데 우리 나라에서는 금의무게를 나타낼 때는 '돈'이나 '냥'이란 단위를 사용하고, 쇠고기나 야채

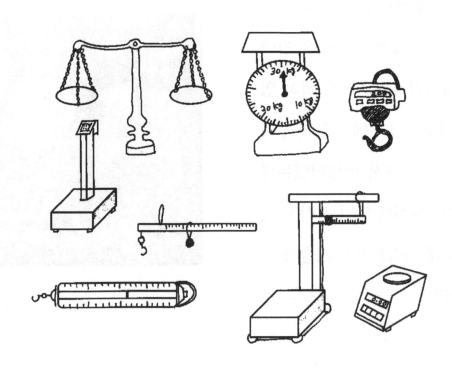

등 음식물의 경우는 주로 '근'을 사용하였다. 그런데 용도에 따라 단위들이 새롭게 만들어져 그 종류가 너무 많을뿐 아니라 단위들 사이에 서로 연관성이 없기 때문에 사용하기 불편하게 되었다. 그래서 요즘은 용도와 무관하게 물을 사용한 기본단위를 만들어서 모든 나라에서 공통적으로 사용하고 있다.

동양의 초기 도량형 제도

수수를 중국어로 고량이라고 하는데 중국 술의 대명사로 알려진 고량주는 수수로 만들었기 때문에 붙여진 이름이다. 이와 같이 중국에서는 수수를 곡식으로 사용할 뿐 아니라 술을 담그는 데도 많이 사용하였으므로 그들에게 가장 친숙한 수수 알갱이를 무게의 기본단위로 사용하였다. 한나라 때는 수수 알갱이 1,200개를 12수(銖)로 하여 무게의 기준으로 삼고, 24수를 한 냥으로 하였다.

당 나라 때는 이것의 세 배를 대냥(大兩)으로 하는 제도가 생겼으며, 열 돈에 해당되었다. 또한 냥은 약재의 무게 단위로 많이 사용되었는데, 한 냥은 4돈(약 15g)이

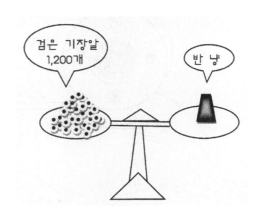

표준으로 사용되었으나, 약재에 따라서 4돈 4푼부터 5돈까지를 한 냥이 라고 하였다.

중국 진(晉)나라 때의 한서(漢書) 율력지(律曆志)에서는 저울의 단위를 수 (銖)에서 시작하고 양(兩)에서 짝 채우고, 근(斤)에서 밝히고, 균(鈞)에서 고 르고, 석(石)에서 끝내어서 온갖 물건의 무게를 단다고 하여 수(銖)가 무 게의 기본 단위임을 나타내었다.

동전 한 닢

무게를 나타내는 단위인 '돈'은 '전'(錢)이라고도 한다. 원래 '돈'이 무 게의 단위로 쓰이게 된 것은 당나라 고조 무덕 4년(621년)에 개원통보(開

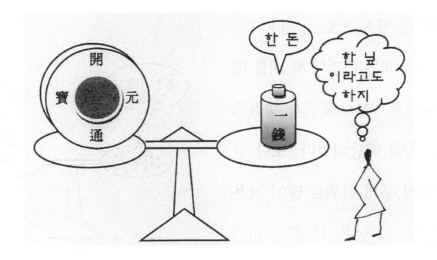

元通寶)라는 동전의 중량을 한 돈 또는 한 닢이라 한 데서부터이다. 이것은 가장 작은 화폐의 단위였으므로 거지가 구걸할 때 외치는 "동전 한 닢 줍쇼"라는 말이 생기게 되었다.

당나라에서는 한 돈은 4.175g이었으며 우리 나라에서는 4.012g이었는데 1902년부터 일본의 단위 제도에 맞추어서 한 근을 600g으로 고친 뒤로 한 돈은 3.75g으로 바뀌게 되었다.

동양의 무게 단위, 척관법

식품의 양은 작은 단위로는 '근', 큰 단위로는 '관'을 사용하였다. 이 단위는 옛날 중국에서 곡식의 일종인 기장의 일정한 무게를 기본단위로 정한 1천(泉, 돈쭝)의 1,000배를 한 관으로 정한 데서 유래했다. 그 후 당나라 고조가 주조한 개원통보가 무게의 기준인 관으로 정립되어 동전 1천 닢을 꿴 한 꾸러미를 기준으로 정한 무게 단위를 한 관이라고 하였다. 당시에 제정된 제도에 따르면 한 관의 무게는 4,175g이 되는데, 실제 개원통보 10닢의 무게는 37.301g이므로 실용된 한 관은 3,730g이 된다. 우리 나라에서는 조선 세종 때 동전 1천 닢의 무게를 한 관으로 정하였으나 중량 단위로 사용되지는 않았다. 그 뒤 민족 항일 기에 일본의 중량 단위가 도입되면서 관이 무게의 단위로 쓰이기 시작하였는데 한 관은 3.75kg으로 정하여졌다.

1근 = 16냥 = 600g

1관 = 1000돈쭝 = 100냥 = 3.75kg

근의 유래

근이란 단위는 고대 중국에서 생긴 것으로, 한나라 때에는 약 223g, 당나라에서는 이것의 약 3배였으며, 송나라 이후 600g으로 정립되었다. 이것은 16냥에 해당되는데 상품이나 지방에 따라서 한 근을 16냥인 600g으로 계산하는 경우와 10냥인 375g으로 계산하는 경우가 있다.

우리 나라의 고대 무게 단위

우리 나라는 삼국시대부터 저울을 사용하였으며 신라 진흥왕 때는 무게 단위로 '근, 냥, 돈, 푼' 등이 쓰이고 있었다. 그러다가 국가적 표준으로서 저울을 관리한 것은 조선시대 태종 10년(1410년)이었으며 세종 대에 들어와 황종관에 의해 무게 단위의 표준을 정립하였다. 당시에는 황종관에 우물물을 가득 채워 그 물 무게를 88푼이라고 정하였고, 이에 따라 10리(釐)를 1푼(分), 10푼을 1돈(錢), 10돈을 1냥(兩), 16냥을 1근(斤)으로 정했다.

황종관

동양 음악에는 황종, 대려, 태주 등 모두 12음률이 있다. 황종관은 이러한 음율의 기본음인 황종음을 정하기 위해 만든 관(管)인데, 황종관의 길이를 정하기 위해서는 해주에서 생산되는 기장 중에서 크기가 중간치인 것을 골라 기장 한 알의 길이를 1분으로 하고, 10알을 쌓아서 1촌으로 정하였다. 〈악학궤범〉에 의하면 황종관의 길이는 9촌(31.0cm), 둘레는 9분(3.10cm), 부피는 810분이고, 황종관에는 기장 1,200알이 들어갈 수 있다고 기록하고 있다.

도량형을 나타내는 상형문자로서의 한자(漢字)

斗(말 두) : 자루 달린 됫박의 모습

科(과정 과) : 찧지 않은 벼(禾)를 탈곡, 정미하는 단계마다 옮겨주는 데 쓰이는 자루 달린 됫박(斗)의 모습

料(되질할 료) : 정미한 쌀(米)을 손잡이 달린 됫박(斗)으로 재는 모습

稱(저울대 칭, 일컬을 칭) : 벼(禾)를 담은 대나무 광주리나 저울(冉)을 손(爫)에 들고 무게를 가늠하는 모습, 또는 벼(禾)를 손(爫)으로 땅(土)에서 들어(冂)

무게를 다는 모습으로 중량을 일컫는다.

租(세금 조) : 옛날에는 세금을 곡식 중에서도 특히 벼로 냈다. 수확하면 벼(禾)로 또(且) 내야하므로 세금이란 의미를 나타낸다.

稅(세금 세) : 다른 곡식을 수확했어도 벼(禾)로 바꾸어(兌) 내는 것이라는 데서 세금이란 의미를 나타낸다.

중국인의 저울과 한국인의 덤 문화

중국인들은 야채나 과일을 팔고 사는데 저울질이 기본이다. 중국에서 물건을 거래하는 모습을 보면 우리의 재래시장에서 흔히 볼 수 있는 상인과 소비자 사이의 덤에 관한 실랑이를 볼 수가 없다. 예를 들어 중국인들의 경우 부추 500g을 사고자 하면 딱 500g만 준다. 그리고 사는 사람도 더 달라고 요구하지 않는다. 부추 500g을 정확히 달기 위해서 상인은 부추 서너 가닥을 저울에 올리기도 하고 또 덜어 내기도 한다.

우리의 경우는 무게를 저울로 달아서 팔기보다는 '한 단'에 얼마라고 값을 정하니 한 단이 클 수도 있고 작을 수도 있어 사는 사람은 부피만을 보고 덤을 요구한다. 덤은 파는 사람의 기분에 따라 다르지만 우리는 이 덤의 문화가 사람 사는 정이 있다면서 재래시장을 찾는 이유 중에 하나로 꼽고 있다.

마늘 한 접, 감 두 접

'접'은 무게 단위가 아니지만 예전부터 감이나 사과, 마늘 등은 백 개를 한 묶음으로 하여 '접'이란 단위로 그 양을 표현하였다. 그러나 갯수는 똑 같더라도 크기에 따라 양이 다르므로 요즘에는 이를 좀 더 정확히 나타내기 위해서 무게로 나타내는 경우가 많다. 그래서 감이나 사과 상자에는 백 개, 또는 이백 개를 담는 대신에 10kg, 또는 20kg 등의 무게 단위로 포장하는 경우가 많다. 그러나 시중에서는 아직도 마늘, 양파와 같이 덩이뿌리를 가진 야채는 무게보다는 개수를 나타내는 '접' 단위를 많이 사용하고 있다.

무게와 관련된 속담

- 백 톤의 말보다 일 그램의 실천

- 말만 하고 실천하지 않으면 아무런 소용 없다는 뜻.

- 무게가 천 근이나 된다.

- 매우 무겁다는 뜻.

- 장부 일언 중천금.

- 대장부의 한 마디는 천금보다 무겁다는 뜻.

유머

가슴의 무게는? ····································· 4근 (두근두근)

사람의 몸무게가 가장 많이 나갈 때는? ····················· 철들 때

황당무게란? ····························· 노란 당근 무게가 더 나간다.

서양의 무게 단위

영국에서는 밀을 주식으로 사용하였으므로 밀 알을 무게의 단위로 사용하였다. 밀 알 7,680개의 무게를 1파운드로 정하고 1파운드를 16등분하여 1온스로 정했으며 이것이 서양에서는 보편적인 무게 단위로 사용되고 있다.

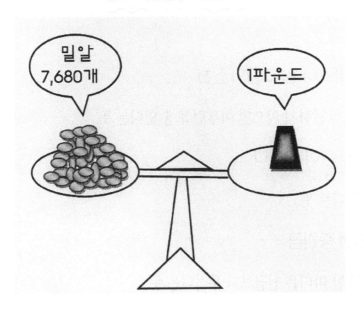

사금의 무게

고대 이집트에서는 사금이 중요한 재화였다. 그래서 이집트에서는 약 4,500년 전에 사금의 무게를 다는데 천칭이 사용되었으며, 약 2,300년 전부터는 대저울이 사용되기 시작하였다.

고대 이집트의 저울

물건의 무게를 달 수 있는 저울은 선사시대부터 사용되었다. 최초의 저울은 기원전 5,000년경 고대 이집트의 벽화에 오늘날의 천칭과 거의 같은 형태의 그림이 그려져 있을 뿐만 아니라, 이집트 선사시대 무덤에서 천칭의 일부분과 여기에 사용된 것으로 추측되는 돌로 만든 분동이 함께 출토되었다. 이 당시 천칭은 회전축이 달린 막대기의 양 끝에 접시를 매달아서 분동이나 물건을 올려 놓도록 하였다. 천칭으로 무게를 달려면 측정하고자 하는 물건을 한쪽 접시에 올려놓고 반대쪽 접시에는 균형을 이룰 때까지 추를 올려놓는다. 그리고 이 때 사용된 추의 무게를 더하여 물건의 무게를 측정하였다. 이러한 저울은 주로 금의 무게를 달기 위해 사용되었으므로 매우 정확해야만 했다.

그 후 기원전 3,000년경의 이집트 벽화에 그려진 천칭은 오늘날의 저울과 큰 차이가 없는 구조로, 매우 정밀한 무게를 측정할 수 있는 것으로 알려졌다. 기원전 1,500년경 이집트 제18대 왕조 시대의 천칭은 분동의 크기를 고려할 때 최소 0.5g 정도까지 무게를 측정하였을 것으로 생각된다. 그 후 천칭은 계속 발전되어 2~3세기 경에는 오늘날과 같이 핀으로 중앙의 지점을 지지하고, 좌우의 균형을 맞추기 위해 중앙에 지시바늘을 달기도 하였다. 이러한 천칭은 주로 약재나 귀금속, 보석 등을 계량하기 위하여 사용되었다.

로마 시대의 저울

천칭은 무게를 정확히 측정하지만 계량하고자 하는 물체와 같은 무게

의 분동을 필요로 하므로 무거운 물체를 달기 위해서는 양쪽 무게를 지탱할 수 있는 튼튼한 지렛대를 필요로 하는 결점으로 인하여 큰 물체를 계량하는 데는 적합하지 못하였다. 그래서 이를 개량한 것이 로마 시대의 저울인데 이것이 오늘날의 대저울이다. 대저울은 지렛대에 눈금을 매기고 접시에 올려놓은 물체와 균형을 맞추기 위하여 추를 이동시켜 눈금을 읽음으로써 무게를 측정하였다. 이와 같은 구조는 무거운 물체도 작은 추로 측정이 가능하여 저울의 발전상 일대 혁신을 가져왔는데, 이 저울은 기원전 200년경에 이탈리아에서 위로(Wiro)가 발명한 것으로 전해지고 있다.

용수철 저울과 그 이후의 저울들

용수철을 이용한 스프링저울은 1770년경 영국에서 상거래에 사용되었다. 금속이나 수정의 가는 봉의 휨이나 비틀림을 이용한 토션밸런스(tortion balance)도 일종의 스프링저울에 해당되며, 작은 무게를 측정하기 위하여 1750년경에 고안되었다. 1774년 와이엇은 건초 등의 대형 물체의 무게를 달기 위하여 저울에 고리를 달아서 큰 짐을 계량하는 매달림저울을 고안하였고, 미국의 페어뱅크스 형제는 이것을 개량하여 근대적인 판 수동저울로 발전시킴으로써 기관차와 같은 아주 무거운 물체도 계량할 수 있도록 하였다.

그 후 20세기에는 기계적인 방법 대신에 전기적 보정에 의해 측정되는 전자식 저울이 개발되었다. 전자저울 기술은 더욱 발전하여 자기회복력 기술의 원리를 이용한 초정밀 저울이 개발되었으며, 이것이 예전의 천칭을 대신하게 되었다. 한편, 저울의 정밀도를 높이기 위하여 천칭의 받침점, 중점 및 힘점에 끈을 매다는 대신 금속이나 돌 등으로 날과 날받이를 붙였다.

동양의 저울

동양에서도 기원전 2000년경 황허강 유역의 한민족이 도량형 제도를 이미 실시하였는데, 이때의 저울도 천칭과 같은 것이었다. 진(秦) 나라 때는 분동에 끈이 달려 있는 것으로 미루어 보아 대저울이 이미 사용된 것으로 추정되며, 우리 나라에서는 삼국시대부터 저울을 사용한 것으로 알려져 있다.

저울(秤)의 명칭에 얽힌 이야기

저울 추는 원래 권(權)이라고 하였는데, 중국 삼국시대의 영웅인 손권(孫權)의 이름을 피하여 칭추(秤錘)라고 한데서 비롯하여 저울을 칭(秤)이라고 말하게 되었다. 그래서 요즘도 저울을 천칭이라고 한다.

SI 단위

무게를 나타내는 단위는 나라마다 다르다. 이에 따른 불편을 해소하기 위하여 밀이나 수수 같은 곡식 대신에 보다 더 보편적인 물질인 물을 사용하여 국제적으로 공용되는 단위를 제정하였다. 그리하여 가로, 세로, 높이가 각각 10cm인 통에 가득 찬 물의 무게, 즉 물 1리터의 무게를 기본단위로 정하였으며 이를 1kg 이라고 하였다.

달에서는 가벼워진다

물체가 무거운 정도를 무게라고 하는데, 무게는 물체와 지구가 서로 잡아당기기 때문에 생기는 힘이다. 달에서는 물체와 달이 서로 잡아당기는 힘이 지구에서보다 작으므로 무게가 더 가벼워진다. 그러나 무게가 가벼워진다고 그 물체가 작아지는 것은 아니다. 우주 공간에서는 물체를 잡아당기는 힘이 전혀 없으므로 물체의 무게는 0이다. 그러나 무게가 없어진다고 해서 그 물체가 사라지는 것은 아니다. 몸무게가 많이 나가서 고민인 사람은 지구를 벗어나 달에 가면 가벼워진다. 그러면 관절에 무리가 가는 일은 없어지겠지만 몸매까지 S라인이 되는 것은 아니다. 뚱뚱한 사람은 여전히 뚱뚱하다.

가벼워진다고 질량이 변하는 것은 아니다

똑 같은 물체인데도 장소에 따라 무게가 달라지니까 무게란 그 물체의 고유한 성질은 아니다. 그래서 어디에서나 똑같은 값을 가질 수 있는 그 물체 고유의 양을 생각하게 된다. 물체의 무게는 중력에 의해 영향을 받으므로 무게를 중력가속도로 나누어주면 그 물체의 고유한 값이 되는데 이를 '질량'이라고 한다. 따라서 물체의 질량은 어디서나 똑 같다.

온도
......

더운 곳에서 알을 낳으면 아들이 된다

인류는 아주 오랜 옛날부터 추위와 더위에 민감하였다. 그래서 추운 겨울에는 옷을 여러 겹 껴입고, 더운 여름에는 시원한 계곡 물을 찾아 나섰다. 이와 같이 우리에게 온도는 대단히 중요한 의미를 가진다. 악어에게 있어서 온도의 의미는 인간에게 보다 더 심각하다. 왜냐하면 새끼 악어가 암컷이 될지 수컷이 될지는 알이 부화되는 온도에 따라 결정되기 때문이다. 악어는 온도가 높을 때는 수컷, 온도가 낮을 때는 암컷이 된다.

악어는 28℃ 이상에서 부화되는데 28~31℃에서는 암컷, 32~33℃에서는 수컷이 되고, 그 중간 온도인 31~32℃에서는 암컷과 수컷이 골고루 부화된다. 이와 같이 악어의 성별은 알이 부화될 때 결정된다. 따라서 부화 온도가 너무 높거나 낮으면 한 가지 성의 악어만 태어나게 되므로 지구 온난화나 빙하현상이 일어나면 악어는 종족 번식을 할 수 없어 멸종 위기에 처하게 된다.

추우면 입술이 파래진다

우리는 입술 색깔만 보아도 어느 정도 온도를 짐작할 수 있다. 날씨가 추워서 벌벌 떨고 있을 때는 입술이 파래진다. 입술은 각질화 정도가 약하기 때문에 평상시에는 혈관의 혈액이 비쳐 보이므로 붉게 보인다. 그런데 찬 공기에 피부가 노출되면 신체는 체열이 밖으로 달아나는 것을 막기 위해 피부에 있는 혈관을 수축하여 달아나는 열을 줄인다. 혈관이 수축하면 입술의 혈관을 흐르는 혈액의 흐름이 느려진다. 따라서 산소와 결합하여 붉게 보이던 동맥 피의 붉은 빛은 엷어지게 되고 반대로 이산화탄소와 결합하여 푸른색을 보이는 정맥 피의 색이 부각되어 결과적으로 입술이 새파랗게 보이게 된다. 그러나 입술의 색깔만으로 정확한 온도를 알 수는 없다.

저수지의 수위

비가 많이 와서 저수지에 물이 가득 차면 수위가 올라가고 가뭄이 들어서 물이 많이 빠져 나가면 수위가 내려간다. 여기서 '물'이라는 것은 일종의 물질이며 '수위'라는 것은 실체가 아니고 단순히 눈에 나타나는 현상일 뿐이다. 즉 물이라는 실체에 의해서 수위, 즉 물의 높이가 변화되는 현상이 일어난다. 이와 유사하게 열이 들어오면 온도가 올라가고 열이 빠져나가면 온도가 내려간다. 열은 일종의 에너지로써 실제로 존재하는 것이고 온도는 개념적인 것이다.

우리는 감각적으로 온도를 잘 느낀다. 겨울이 되어 온도가 낮아지면 추워진다고 하고, 여름이 되어 온도가 높아지면 더워진다고 한다. 그리고 물의 높이를 수위라고 하듯이 날씨가 더운 정도를 더위라고 하고 추운 정도를 추위라고 한다.

온도계의 발명

물체의 차고 더운 정도를 정량적으로 측정할 수 있는 온도계의 발명은 열에 대한 정량적인 개념 설정을 가능하게 하였다. 열에 관한 에너지 보존법칙과 엔트로피 법칙 등 열역학의 기본 법칙이 정립될 수 있었던 것은 온도계의 발명으로 가능하게 되었다.

갈릴레이 온도계

온도를 정량적으로 측정하는 최초의 온도계는 1592년 갈릴레이에 의해 발명되었다. 이 온도계는 액체로 채워진 밀봉된 둥근 파이프와 그 안에 들어 있는 비중이 조금씩 다른 유리 공들로 구성되어 있다. 유리 공 속에는 공기가 채워져 있어서 온도가 변화되면 공기의 팽창이나 수축 때문에 부력이 달라져서 유리 공의 무게와 부력의 크기가 정확히 일치하는 유리 공만 액체의 중간 위치에 정지해 있도록 되어 있다. 각각의 유리 공에는 액체의 중간에 놓일 때의 온도를 나타내도록 해당되는 온도를 일정한 간격으로 표시하여 놓았다.

이와 같이 갈릴레이 온도계는 온도 측정을 위해 공기를 팽창 매질로 사용한 기체 온도계였는데, 액체 중에 정지해 있는 유리 공에 적힌 숫자가 온도를 나타낸다. 그러나 세밀한 온도 눈금이 없어서 정량적 측정은 사실상 불가능했다.

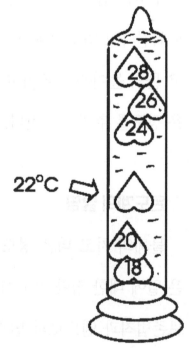

온도계의 눈금

갈리레이 이후, 기체 온도계가 액체 온도계로 대체되면서 정확한 온도 측정이 가능하게 되었다. 액체 온도계에서 많이 사용하고 있는 알코올은 온도에 따라 부피가 일정하게 변하는 특성을 가지고 있는데 알코올이 들어있는 용기에 좁은 유리 대롱을 연결하면 작은 부피 변화도 크게 확대되므로 정확하게 온도를 측정할 수 있다.

수은도 온도에 따라 부피가 일정하게 변하므로 수은을 이용하여도 온도를 측정할 수 있다. 이와 같이 열팽창률이 일정한 알코올이나 수은의 늘어나는 정도를 정확하게 눈금으로 나타낼 수 있게 됨에 따라 다양한 형태의 온도계가 고안되었다. 그리하여 1641년에는 공기 대신에 알코올을 사용한 알코올 온도계가 발명되었으며 1724년에는 수은이 온도계에 사용되었다. 또한 18세기 초에 이르러서는 무려 35 종류나 되는 다양한 온도 체계가 창안되었다. 그 가운데에서 스웨덴의 천문학자였던 셀시우스(Anders Celsius, 1701~1744)가 제안한 섭씨 온도와 네덜란드의 파렌하이트(Gabriel Fahrenheit, 1686~1736)가 제안한 화씨 온도 체계가 널리 사용되었다. 현재 주로 사용되고 있는 온도의 종류에는 섭씨 온도, 화씨 온도, 절대온도 등 세 가지가 있다.

섭씨 온도

우리 주변에서 가장 흔할 뿐만 아니라 생활에 가장 큰 영향을 주는 것이 물이다. 그래서 섭씨 온도 체계에서는 물의 어는점과 끓는점을 온도의 기준으로 삼았다. 그리하여 1기압에서 물의 어는점을 0℃, 끓는점을 100℃로 하고 그 사이를 100 등분하여 그 간격을 1℃로 하였다. 섭씨 온도는 과학적인 내용을 기술하는 데 적합한 것으로 인정되어 현재 전세계에서 보편적으로 많이 사용하고 있다. 그러나 섭씨 온도를 사용하면 추운 겨울의 온도가 영하(零下)로 내려가게 되므로 섭씨 온도가 제정될 당시에는 온도가 마이너스(−)로 된다는 것을 이해하지 못했을 뿐 아니라 거부감까지 느낀 사람들이 많았다. '섭씨(攝氏)'라는 이름은 셀시우스를 중국 음에 맞춘 '섭이사(攝爾思)'에서 유래되었다.

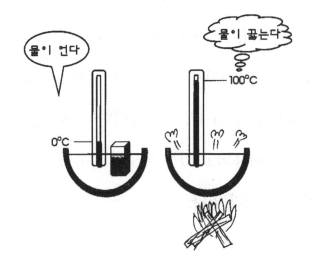

화씨 온도

사람들은 추위와 더위에 민감한데 착안하여 파아렌하이트는 1714년에 기온을 온도의 기준으로 삼아 사람들이 쉽게 이해할 수 있는 온도 체계를 고안하였다. 그는 자기가 살고 있는 지방의 가장 추운 날과 가장 더운 날의 온도를 기준으로 삼아 가장 추운 날의 온도를 0°, 가장 더운 날의 온도를 100°로 정하고, 그 사이를 100 등분하여 한 눈금의 간격을 1℉로 하는 화씨 온도 체계를 만들었다. 따라서 기온이 0에 가까운 작은 숫자일수록 추운 날씨이고 100에 가까운 큰 숫자일수록 더운 날씨를 뜻한다. 이와 같이 화씨 온도는 기온을 근거로 하여 만든 온도 체계이기 때문에 날씨를 이야기할 때는 화씨 온도로 말하면 쉽게 감이 잡히며 미국, 영국 등의 나라에서는 주로 화씨 온도를 사용하고 있다. 그러나 화씨 온도

는 기온을 토대로 만들었기 때문에 과학적인 용도로는 적합하지 않다. '화씨(華氏)'란 명칭은 파렌하이트를 중국 음에 맞춘 '화륜해(華倫海)'에서 유래되었다.

섭씨 온도와 화씨 온도의 관계

섭씨 온도의 근간이 되는 물의 어는점과 끓는점은 각각 0℃와 100℃로써 이들을 100등분한 것이 섭씨 온도의 한 눈금, 즉 1℃이다. 그런데 물의 어는점과 끓는점을 화씨로 환산하면 각각 32℉, 212℉로 이들을 180등분한 것이 화씨 온도의 한 눈금 1℉이다. 이와 같은 물의 어는 점과 끓는점의 온도 차를 섭씨 온도는 100등분하고, 화씨 온도는 180등분하여 한 눈금으로 사용하기 때문에 섭씨 온도의 한 눈금 1℃는 화씨 온도 1.8℉에 해당한다.

수수께끼

세상에서 가장 뜨거운 바다는 어디일까?   … 열 바다

세상에서 가장 추운 바다는 어디일까?   … 썰렁해

추운 겨울에 가장 많이 찾는 끈은?   … 따끈 따끈

먹을수록 덜덜 떨리는 음식은?   … 추어탕

절대온도

온도의 단위 중에는 이론적으로 가능한 가장 낮은 온도를 0°로 정한 것도 있다. 절대온도가 그것이다. 섭씨 온도뿐 아니라 화씨 온도도 아주 추울 때는 온도가 마이너스가 된다. 그러나 절대온도는 아무리 추워도 영하로 내려가지 않는다. 절대온도는 기체의 운동 상태를 기준으로 삼은 것인데, 절대온도가 0°라 함은 원자가 전혀 움직이지 않게 될 때의 온도를 뜻한다. 따라서 절대온도 0° 보다 낮은 온도는 있을 수 없다.

기본적으로 절대온도란 열역학법칙에서 이론적으로 결정된 최저온도를 기준으로 하여 온도 단위를 갖는 온도라고 할 수 있다. 섭씨 온도에서는 물을 기준물질로 정하여 1기압에서 물의 어는점을 0°, 끓는점을 100°로 하는데, 이 경우에 물이라는 물질에 특별한 의미가 있는 것은 아니다. 이를테면 알코올의 녹는점을 0°, 끓는점을 100°로 결정해도 전혀 지장이 없다. 이와 같이 특정한 물질의 성질에 의존하는 방법에서는 온도를 임의적으로 정의할 수는 없다. 그래서 물질의 종류에 관계없는 온도로서 열역학적으로 절대온도라는 것이 도입되었다.

절대온도를 측정하는 온도계

1780년에 샤를은 모든 기체는 온도가 증가할수록 부피가 증가한다는 사실을 밝혀냈다. 기체의 부피팽창계수는 거의 비슷하기 때문에, 낮은 압력의 기체를 사용한다면 온도계에 사용되는 물질의 종류에 의존하지 않는 온도 스케일을 만드는 것이 가능하다. 이러한 발상을 토대로 하여 이제까지 액체를 넣어 제작해 왔던 온도계에 다시 기체를 사용하게 되었으며, 섭씨나 화씨처럼 두 개의 고정점 대신에 하나의 고정점을 갖는 온도 스케일을 만드는 것이 가능하게 되었다. 이 고정점은 물, 얼음, 수증기가 평형상태로 함께 존재하는 물의 3중점을 기준으로 하였다.

샤를의 법칙에 의하면 이상기체의 경우 일정한 압력 하에서 일정한 양의 기체를 가열하여 그 온도를 높이면 온도가 1℃ 상승할 때마다 기체의 부피는 1/273씩 증가한다. 따라서 섭씨 온도에 273을 더하면 절대온도가 된다. 절대온도의 눈금 간격은 섭씨 온도와 같으며 절대온도 0°는 0K라고 하는데 섭씨 온도로는 약 −273℃에 해당된다.

온도가 두 배이면 두 배로 뜨거울까?

절대온도는 1848년 켈빈이 도입하였으며, 켈빈 온도 또는 열역학적 온도라고도 한다. 절대온도 0은 기체의 부피가 일정할 때 압력과 온도가 서로 비례한다는 사실에서 외삽한 온도로 압력이 0이 되는 가상적인 온도이다. 압력이 0이라는 것은 분자의 운동이 완전히 멈춘 상태이다. 그러나 기체는 매우 낮은 온도에서 액화되거나 응고되므로 실제로 압력이 0인 조건을 관측할 수는 없다.

분자의 운동에너지가 커짐에 따라 온도는 점점 증가한다. 즉, 열에너지는 분자의 운동에너지이며, 물체의 온도가 올라간다는 것은 물체를 이루고 있는 분자들의 운동이 더 활발해졌다는 것을 의미하는 것이다. 절대온도 외의 대부분의 온도는 상대적인 개념을 갖고 만들었기 때문에 과학적인 계산을 하기에 무리가 따른다. 쉽게 말하면 10℃의 2배를 20℃로 볼 수 없다. 그러나 절대온도는 섭씨나 화씨 온도 등과는 달리 물질의 성질에 의존하지 않으며 100K의 2배는 200K로 보아도 무방하다.

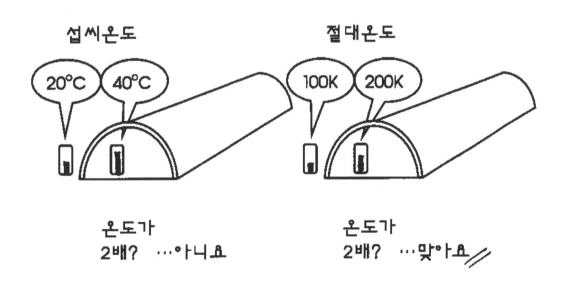

온도의 끝은 어디인가?

뜨거운 경우는 온도가 수천만도 이상으로 높은데 차가운 경우는 얼음 0℃, 드라이아이스 −78.5℃, 액체 공기 −194℃, 액체 헬륨 −269℃ 등이다. 이는 분자의 운동 상태가 빠른 경우는 대단히 빠를 수 있으므로 높은 온도는 아주 높을 수 있지만 운동 상태가 느린 경우는 운동을 전혀 하지 않는 정지상태가 가장 낮은 온도이기 때문에 한계가 있다. 그러면 온도는 어디까지 내려갈 수 있을까? 온도란 분자의 운동 상태를 복합적으로 표현한 물리량이며 분자의 운동 상태가 활발하면 온도가 높고, 운동이 느리면 온도가 낮다. 따라서 열역학적인 계가 최저의 에너지 상태에 있는 온도가 가장 낮은 온도이다. 이론적으로 가장 낮은 경우의 온도는 절대온도로 0K라고 하며 이는 −273℃ 이다.

106

온도와 관련된 속담

- 여름 벌레는 얼음 이야기를 못한다.

-얼음을 보지 못한 여름 벌레마냥 사람도 식견이 좁다는 말.

- 더위 먹은 사람은 겨울에도 찬 바람을 쐬인다.

-한번 놀란 일이 있으면 그 다음부터는 항상 경각심을 가지게 된다는 말.

- 끓는 국에 맛 모른다.

-급한 일을 당하게 되면 정확한 판단을 하기 어렵다는 말.

-아무 영문도 모르고 함부로 행동한다는 말.

- 병 속에 담긴 물이 어는 것을 보면 겨울이 온 것을 알 수 있다.

-사소한 일을 보고서도 큰일을 추리해서 알 수 있다는 뜻.

계측
· · · · · ·

지는 해를 보면 지구의 크기를 잴 수 있다

해질 무렵 해변가에 앉아서 지는 해를 보고 있노라면 태양이 점차 바다 속으로 가라앉다가 결국은 보이지 않게 된다. 그런데 해가 수평선 너머로 지는 순간 자리에서 벌떡 일어나면 해가 아직도 바다 위에 약간 떠 있음을 보게 된다. 왜냐하면 자리에서 일어나면 눈 높이가 높아져서 더 멀리까지 볼 수 있기 때문이다. 그러다가 잠시 후에 해는 다시 수평선 너머로 사라지게 된다. 이러한 일은 지구가 둥글기 때문에 일어나는 현상인데, 만일 지구가 둥글다는 사실을 알면 지구의 둘레를 한 바퀴 돌면서 직접 측정하지 않고도 지구의 크기를 아주 쉽게 잴 수 있는 방법들이 있다.

지구는 둥글다

요즘은 인공위성에서 찍은 지구의 모습을 보고 누구든지 지구가 둥글다는 것을 알고 있다. 그러나 옛날 사람들은 지구를 벗어날 수 없었으므로 대부분의 사람들은 지구가 평평하다고 생각했으며 간혹 지구가 둥글다고 생각한 사람들도 있었다. 그 중에는 막연히 지구가 둥글다고 상상한 사람도 있지만 타당한 과학적인 근거를 가지고 그렇게 생각했던 사람들도 있었다.

지금부터 약 2,400년 전에 피타고라스는 기하학적으로 구(球)가 가장 완전한 형태이므로 지구는 둥글다고 생각했다. 그 이후 기원전 240년경에 에라토스테네스는 배를 타고 바다에 가서 보면 별의 높이가 배의 위치에 따라 다르게 보인다는 뱃사람들의 이야기를 듣고 그것이야말로 지구가 둥글다는 증거라고 생각했다. 왜냐하면 지구가 평평하다면 별은 어디서나 같은 높이로 보일 것이기 때문이다.

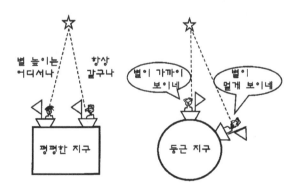

컬럼버스와 마젤란의 항해

지구가 둥글다는 것은 굳이 배를 타고 멀리 나가지 않더라도 바닷가에 앉아서 배가 부두로 돌아오는 모습을 보면 알 수 있다고 주장한 사람들도 있었다. 배가 수평선 저 멀리에 있을 때는 돛대의 꼭대기 부분만 보이지만 배가 다가옴에 따라 선체가 그 모습을 드러내는 것을 보면 지구가 둥글다는 증거라는 것이다.

그 후 지구가 둥글다는 것을 증명하기 위하여 15세기에 컬럼버스는 기존의 동쪽 항로 대신에 서쪽으로 항해하여 인도에 도달하려 하였다. 그는 이 일에는 성공하지 못하였으나 예상치도 않은 신대륙을 발견하는 성과를 거두었다. 그 뒤를 이어 16세기에는 마젤란이 스페인을 출발하여 서쪽으로 계속 항해한 결과 다시 원위치로 되돌아옴으로써 지구가 둥글다는 것이 증명되었다.

컬럼버스의 서인도 항로

컬럼버스는 지구가 둥글다는 신념을 가지고 있었으므로 먼 바다를 항해하는데 두려움이 없었다. 요즘은 고유가 시대라 여러 나라들이 유전개발에 열을 올리듯이 그 당시에는 후추, 카레 등의 향신료의 가치가 대단히 커서 황금이나 보석과 동일하게 취급되었으며 향신료는 부의 상징이었다. 따라서 인도와 말레이시아 부근의 향신료 군도를 포함한 여러 지역을 소유하는 것은 세계무역과 권력의 장악을 의미하였다. 이때는 아프리카의 남단에 있는 희망봉을 거쳐 인도양으로 향하는 유럽의 동쪽 항로를 통해서 향신료가 풍부한 인도로 가서 무역을 하였다. 그러나 동쪽 항로는 이미 포르투갈이 장악한 상태이기 때문에 스페인은 서쪽 항로를 개척할 필요성을 느끼고 있었다.

그러나 그 당시는 지구가 평평하다고 생각해서 서쪽으로 계속 항해하면 배가 지구에서 떨어질까 두려워 지중해를 벗어나는 것도 꺼려했던 시대였다. 컬럼버스는 지구가 둥글기 때문에 서쪽으로 항해해도 결국은 인도에 도달할 수 있으며 어쩌면 기존의 동쪽 항로보다 더 빨리 인도에 도달할 수도 있을 것이라는 기대를 하였다.

그는 스페인의 이사벨 여왕의 원조를 얻어 1492년 8월 3일, 세 척의 배를 이끌고 인도로 향한 서쪽 항해를 시작하였다. 몇 달의 항해 끝에 그의 함대는 대서양을 건너 목적지라고 생각되는 육지에 도착하였다. 그러나 콜럼버스가 도착한 곳은 미국의 동남쪽에 위치하고 있는 바하마 제도의 한 섬이었다. 그는 네 번이나 항해하며 그 곳을 탐사하였음에도 불구하고 자신이 발견한 땅이 인도라고 생각했으므로 그가 개척한 서쪽 항로는 서인도 항로라고 불리게 되었다.

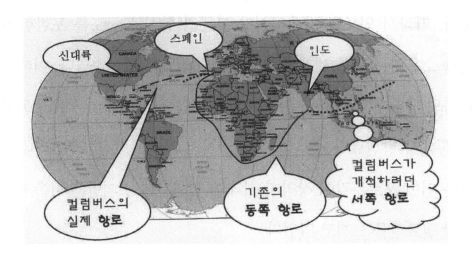

그러다가 1497년 브라질을 탐험한 아메리고 베스풋치의 항해기로 신대륙이 널리 알려진 뒤에야 신대륙의 이름은 탐험가의 이름을 따서 아메리카가 되었다. 결국 컬럼버스는 지구를 서쪽으로 돌아 항해하면서 인도를 발견하지는 못했지만 그보다 훨씬 중요한 아메리카 대륙 발견이라는 커다란 성과를 거두었다.

마젤란의 세계일주

콜럼버스가 아메리카 대륙을 발견한 후에도 스페인은 인도로 진출하기 위한 항로를 개척하기 위하여 노력하였다. 이때 등장한 인물이 마젤란이다. 마젤란은 콜럼버스가 발견한 아메리카 대륙을 지나 서쪽으로 계속 항해하면 인도에 도달할 수 있다는 신념을 가지고 있었다. 다섯 척의 배에 승선한 마젤란 일행 265명은 1519년 9월 20일 스페인 산루카르데바라메다 항을 출발하여 다음 해에 남아메리카 대륙 끝에 있는 마젤란 해협을 통과하여 태평양으로 나왔다. 이들은 처음 접하는 태평양을 조그만 바다라고 잘못 생각하여 준비를 소홀히 한 탓에 항해에 큰 어려움을 겪었으나 결국은 태평양을 북상하여 필리핀 제도에 도착하였다. 이곳에서 원주민과 전쟁 중 마젤란은 목숨을 잃었으며 남은 일행은 계속해서 서쪽으로 항해하여 목적지인 말레이시아 서부 해안에 있는 말루쿠 제도에 도착하여 향료를 싣고, 계속해서 서쪽으로 항해하여 아프리카의 남단에 있는 희망봉을 돌아 1522년 9월 6일 산루카르데바라메다 항으로 되돌아 왔다. 이로써 사상 최초의 세계일주 항해가 성공적으로 마무리 지어졌으며 지구가 둥글다는 것이 증명된 것이다.

최초로 지구의 크기를 측정한 에라토스테네스

원은 기하학적으로 간단한 형태이므로 지구가 둥글다는 사실을 알면 지구를 한 바퀴 돌지 않더라도 아주 쉽게 지구의 크기를 잴 수 있다. 에라토스테네스(Eratosthenes, BC 273~192)는 고대 천문학자이며 지리학자였다. 그는 지구가 둥글다고 믿고 두 도시의 위도를 측정함으로써 지구의 둘레를 측정하는데 성공하였다. 그 당시에는 이집트의 대도시 알렉산드리아의 남쪽으로 800km 가량 떨어져 있는 곳에 시에네라는 작은 도시가 있었다.

에라토스테네스는 알렉산드리아에 막대기를 수직으로 세우고 시에네의 우물에 그림자가 생기지 않는 태양의 남중 시각에 알렉산드리아에서 그림자의 길이를 측정하면 알렉산드리아와 시에네의 위도를 구할 수 있다고 생각하였다. 태양이 남중하는 하지 때, 태양은 시에네의 바로 위에 있어 우물에는 그림자가 생기지 않았다. 그러나 그 순간에 알렉산드리아에서는 그의 예측대로 막대의 그림자가 생겼다. 지구가 둥글기 때문에 이런 현상이 생긴다고 생각한 그는 알렉산드리아에서 막대의 길이와 그림자의 길이를 측정하여 태양광선이 막대기의 끝을 스쳐 지나간 때의 각도를 구하였다. 그 결과 두 도시 사이의 위도 차는 7°12′이라는 것을 알게 되었다. 지구가 둥글다면 적도에서 북극점까지의 위도 차가 90°가 된다는 사실을 이용하여 그는 간단한 계산을 통해서 지구의 둘레를 구하였다.

에라토스테네스의 지구 둘레 측정 방법

지구가 둥글다고 가정하면 두 지점의 위도와 두 지점 사이의 거리에
는 간단한 비례 관계가 성립한다.

7°12' : 360°=800km : X

이러한 비례식을 통하여 당시에 에라토스테네스가 구한 지구의 둘레
는 39,690km였는데 이는 요즘 최신 측량술을 이용하여 측정한 지구의
둘레 40,077km와 거의 일치하고 있다.

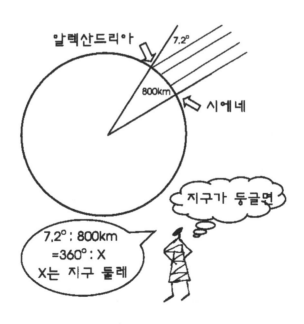

앉은 자리에서 재는 지구의 크기

에라토스테네스는 두 지점에서 막대 그림자의 길이를 동시에 재어서 지구의 크기를 측정하였는데 우리는 한 자리에서도 지구의 크기를 잴 수 있다. 해질 무렵 해안가에 앉아서 해가 지는 모습을 바라보면 해가 수평선 아래로 사라지게 된다. 바로 이 순간 자리에서 일어나면 다시 물 위에 약간 모습을 나타낸 해를 볼 수 있다. 그리고 몇 초가 지나면 해는 다시 수평선 아래로 사라지게 된다. 여기서 사람의 키와 해가 다시 질 때까지의 시간, 이 두 가지만 측정하면 발을 한 발자국 옮기지 않고도 지구의 크기를 구할 수 있다.

앉은 자리에서 재는 지구의 크기 계산

만일 일몰을 측정하는 관측자의 앉아 있을 때와 서 있을 때의 눈 높이 차가 170cm이고 각각의 경우 두 순간의 일몰의 시간 차가 11.1초라면 지구의 크기는 얼마일까?

해가 처음 지는 순간, 태양의 꼭대기를 향한 시선은 관측자가 서 있는 지점의 지표면과 접선 방향이고 해가 두 번째 지는 순간에는 앉아있는 사람의 지표면과 접선 방향이 된다.

관측자의 측정을 토대로 하여 피타고라스의 정리를 적용하여 계산하면 지구의 반지름은 5,220km가 된다. 이러한 계산은 지구가 둥글다고 가정하면 지구의 둘레 전체를 직접 측정하지 않고도 잴 수 있다는 장점이 있다. 실제로 지구의 반지름은 6.37×106m이며 앞의 측정치는 20% 이내의 오차범위를 가지고 있다.

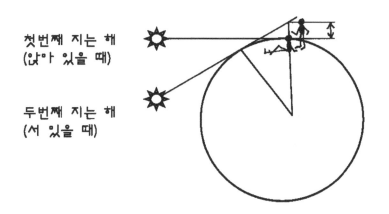

첫번째 지는 해
(앉아 있을 때)

두번째 지는 해
(서 있을 때)

제2장

운동역학

다들 힘 내

작가 신달자 씨가 어느 망해가는 작은 회사로부터 강연을 청탁받았는데 강연 후 회식 자리에서 들은 건배 구호는 너무나 감동적이었다고 한다.

사장 : 내 힘 들다.
직원들 : 다들 힘 내!

우리는 일상생활에서 힘이라는 말을 많이 사용한다. 힘이라는 것은 모든 활동의 원천이며 힘이 없으면 모든 동작은 한 순간에 정지된다. 우리 주변에서 일어나는 모든 종류의 운동은 그 운동을 일으키는 힘이 자연에 이미 존재하고 있기 때문이다.

운동선수들은 힘과 아울러 각자의 운동 종목에 적합한 체형을 가지고

있어야 한다. 장대높이뛰기 선수는 키가 크고 날씬한 몸매가 유리하고,
씨름 선수는 뚱뚱한 체형이 유리하다. 일상생활에서 사람들의 걷는 모습
도 체형과 밀접한 관련이 있다. 일반적으로 키가 큰 사람들은 발걸음을
천천히 내딛고 키가 작은 사람들은 발걸음을 빨리 내딛는다. 또한 빨리
뛸 때는 팔을 오므리고 뛰지 팔을 쭉 펴고 뛰지는 않는다. 이것은 마치
시계의 추가 길면 천천히 흔들리고 추가 짧으면 빨리 흔들리는 것과 유
사하다. 우리의 팔은 시계추와 같은 역할을 하는 것이다.

관성

털어서 먼지 안 나는 사람 없다

정부의 고위 관료를 선출할 때는 국회에서 인사청문회를 실시한다. 인물의 적임 여부를 따지기 위해서 과거의 행적을 낱낱이 뒤져 공개하는데, 크고 작은 잘못과 아울러 조그만 실수까지 모조리 털어내게 된다. 그냥 보면 청렴결백하고 유능해 보이는 사람도 청문회를 한번 거치면 온갖 비리가 나오고 무능함이 드러나게 마련이다. 그래서 누구든 파헤치면 잘못이 드러난다는 것을 비유해서 '털어서 먼지 안 나는 사람 없다'는 속담도 있다.

실제로 깨끗해 보이는 옷도 막대기로 털면 먼지가 난다. 막대기로 두들겨서 털 때는 막대기가 옷을 부분적으로 강제 이동시키지만 먼지는 제자리에 가만히 있으려고 하므로 옷에서 먼지가 분리되어 털어지는 것이다. 옷을 세차게 흔들 때도 마찬가지로 옷은 움직이지만 먼지는 정지한 채로 있으므로 먼지가 털어진다. 이와 같이 정지해 있는 물체는 계속해서 정지 상태를 유지하려는 성질이 있다.

김유신과 명마

변화를 하지 않으려는 성질은 사람들의 습관으로 나타나는 경우가 많다. 그래서 사람은 죽을 때까지 평소에 하던 버릇을 고치지 못한다는 의미로 '한량이 죽어도 기생 집 울타리 밑에서 죽는다'는 속담이 있다. 신라의 삼국통일에 결정적인 역할을 한 김유신 장군은 이런 오명을 들을뻔 하다가 강한 의지력으로 기생집 울타리를 벗어났다. 그는 젊은 시절에 좋아 지내던 기생이 있었다. 그 기생의 이름은 천관이었는데 김유신은 술에 취하면 천관의 집에 가서 밤을 보내곤 했다. 그가 술을 마시는 날은 말을 타고 항상 천관의 집을 향하였으므로 그의 영리한 말은 나중에는 그쪽으로 고삐를 당기지 않아도 으례 그녀의 집으로 향하였다. 그러다가 김유신은 자신의 과오를 반성하고 다시는 천관의 집을 찾아가지 않기로 스스로 다짐을 했다.

오랜 기간 동안 천관의 집에 출입을 삼가던 김유신은 어느 날 술에 취해서 말 위에서 잠이 들었는데 나중에 말이 도착한 곳에서 눈을 떠보니 그곳은 발걸음을 끊겠다고 굳게 마음먹었던 천관의 집이었다. 그는 눈물을 머금고 가장 아끼던 말의 목을 칼로 내리치고 천관의 집에서 발길을 돌렸다는 일화가 전해져 내려오고 있다. 사람이나 짐승들도 이렇게 늘 하던 행동은 습관적으로 일어난다. 김유신의 명마는 습관성이 상당히 큰 말이었던 모양이다.

나무는 쓰러진 곳에 그냥 있으리라

사람이나 동물들이 무의식적으로 습관적인 행동을 하듯이 돌멩이 같은 무생물도 자신의 운동 상태를 계속 유지하려는 성질이 있다. 그래서 외부에서 어떠한 물리적인 상태가 변화하려고 할 때 그와 관련된 주변 환경은 변화하지 않으려고 하는 성질이 있다. 예를 들면 움직이는 물체는 계속해서 움직이려 하고 정지해 있는 물체는 계속 정지해 있으려 한다. 이와 같이 운동 상태를 그대로 유지하려는 성질을 관성이라고 한다.

마당 한 구석에 있는 돌은 누가 옮기지 않는 한 항상 그 자리에 있는 것은 정지하고 있는 물체는 항상 정지한 채로 있으려는 성질 때문이다. '나무가 남으로나 북으로나 쓰러지면 그 쓰러진 곳에 그냥 있으리라' (전도서 11 : 3)는 말이 있는데, 이것은 관성을 나타내는 적합한 표현이라 할 수 있다.

요지부동(搖之不動)

커다란 바위는 아무리 밀어도 꿈쩍하지 않는다. 이렇게 힘을 주어서 흔들어도 움직이지 않는 것을 '요지부동'이라 한다. 이와 같이 요지부동이란 원래의 상태를 그대로 유지하는 것이니 관성이 아주 큰 것을 나타내는 말이라고 할 수 있다. 그 반면에 가벼운 물체는 조금만 건들어도 심하게 움직인다. 이런 경우 '요동친다'는 말을 한다. 즉 요동(搖動)친다는

말은 작은 힘에도 물체가 심하게 흔들리어 움직이는 것이니 관성이 아주 작은 경우이다. 이와 같이 무거운 물체는 관성이 크고 가벼운 물체는 관성이 작다.

줄다리기에는 뚱보가 유리하다

무게가 무거울수록 운동 상태를 변하지 않으려는 성질이 강한 특성 때문에 줄다리기를 할 때는 체중이 무거운 사람이 유리하다. 씨름에서도 무거운 사람이 유리하며 상대방 선수를 원 밖으로 밀어내는 일본 씨름인 스모의 경우도 그렇다. 그래서 스모 선수들은 살을 많이 쪄서 체중이 무겁게 하려고 한다. 또한 미식 축구의 경우 축구공을 들고 달리는 공격수는 몸집이 작고 날랜 반면, 상대방 선수를 막는 수비수들은 체중이 많이 나가는 선수들로 구성되어 있다. 그래서 수비수 중에는 냉장고라는 별명을 가진 선수가 있을 정도이다.

돌부리에 걸려 넘어진다

길을 가다가 돌부리에 발이 걸리면 넘어지기 쉽다. 특히 빨리 걸을 때는 더욱 넘어지기 쉽다. 이는 길을 걸을 때 발이 돌에 걸리면 발은 순간적으로 정지되지만 몸은 계속해서 앞으로 나가려고 하기 때문이다. 이와 같이 운동 상태를 계속해서 유지하려는 관성 때문에 여러 가지 어려운 일들을 겪게 된다. 달리기 선수가 결승선에서 갑자기 서기가 힘이 들고, 달리는 자동차가 브레이크를 밟아도 즉시 정지하지 못하는 것도 이러한 관성 때문이다.

마누라 음식 솜씨

지방 식당에서 어느 아저씨가 짜디짠 소금 국과 설익은 밥을 시켰다.

주인 : 출장 오신 것 같은디, 워째 못 먹을 음식을 시킨다요?

손님 : 마누라 음식 솜씨가 그리워서 그렇소.

음식이 맛이 있든 없든 늘 먹던 음식이 입에 맞는 법이다. 그래서 해외 여행을 하며 가장 힘들게 느껴지는 것이 바로 음식이다. 어릴 때부터 먹던 음식은 입에 익었기 때문에 새로운 음식만 하루 세 끼 내내 먹는 것은 쉽지 않다. 이와 같이 오래된 생활과 습관은 좀처럼 없어지지 않는다는 뜻으로 '놀던 계집이 결딴나도 엉덩이 짓은 남는다'는 속담이 있다. 평소에 늘 바람을 피우던 여자가 나쁜 행실이 들켜서 혼이 나더라도 다시 또 바람을 피우게 된다는 말이다. 몸에 밴 습관은 좋든 싫든 버리기 어려운가 보다.

개는 몸을 흔들어 물을 턴다

개가 물에 들어갔다가 밖으로 나오면 몸을 한바탕 흔들어서 온 사방에 물을 튀긴다. 또한 물로 목욕을 시켜주어도 몸을 흔들어서 물을 털어내는데 이러한 동작은 모두 관성을 이용해서 물을 터는 것이다.

삽질하기

막대기를 두들겨서 먼지를 터는 것처럼 관성을 이용하면 일상생활에서 여러 가지의 일을 할 수 있다. 예를 들어 삽질을 할

때 삽으로 모래를 퍼 옮길 수 있는 것은 사람의 동작에 의해서 삽과 함께 앞으로 움직이던 모래가 삽이 정지한 후에도 계속해서 앞으로 진행하려는 관성을 가지고 있기 때문이다.

멸치 그물 털기와 은행 털기

고기잡이 배가 그물로 멸치를 잡으면 항구로 돌아와서 멸치를 털어낸다. 어부들이 그물을 잡고 위 아래로 흔들면 그물에 끼어 있던 멸치들이 그물에서 떨어져 나온다. 이것은 그물을 위로 올릴 때 멸치는 그물과 함께 위로 올라가지만 그물을 아래로 움직일 때도 멸치는 관성 때문에 계속해서 위로 올라가려고 하므로 멸치가 그물에서 떨어지게 되는 것이다. 따라서 그물을 세게 흔들수록 멸치를 더 강한 힘으로 뜯어내는 효과가 있다.

은행나무에서 은행을 털 때는 나무를 세게 흔들거나 장대로 나무를

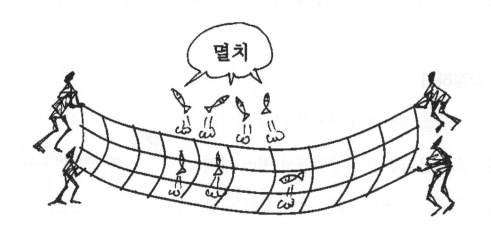

쳐서 은행을 딴다. 나무를 흔들면 나뭇가지는 흔들리지만 은행 열매는 제자리에 있으려는 성질 때문에 은행이 떨어지게 된다. 밤이나 매실을 딸 때도 마찬가지 방법으로 관성을 이용한다.

쇠 망치를 손잡이에 박기

망치를 잡고 손잡이 부분을 바닥에 내려치면 망치의 쇠 부분이 나무 손잡이에 더욱 깊게 박히는 것도 마찬가지 이치이다. 쇠 부분은 아래로 내려오는데 나무 손잡이가 갑자기 정지하기 때문이다.

대패의 날 길이 조정

대패의 날 길이를 조정할 때는 망치로 대패 모서리를 치면 된다. 이는 이불의 먼지를 터는 것과 마찬가지 이치이다. 망치로 대패의 몸통을 두들기면 대패의 날은 제자리에 그대로 있으려고 하는데 몸통은 갑자기 이동하게 되므로 대패 날의 위치가 변경된다.

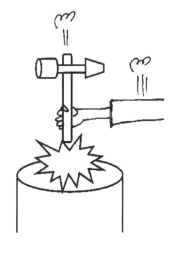

지진이 나도 지진계의 펜은 움직이지 않는다

종이 위에 동전을 올려 놓고 종이를 서서히 잡아당기면 동전은 종이와 함께 움직인다. 그러나 종이를 갑자기 잡아당기면 종이만 빠져나가고 동전은 컵 속에 떨어진다. 이것은 동전은 제자리에 있으려 하는데 동전을 받치고 있던 종이만 갑자기 빠져 나가기 때문이다.

나무 토막 여러 개를 쌓아놓고 그 중 한 나무 토막의 옆을 급히 치면, 얻어맞은 나무 토막만 튕겨져 나가고 나머지는 그대로 있다. 이것은 나무 토막은 제자리에 있으려 하는데 그 중 한 개의 나무 토막만 옆으로 힘을 받아 떨어지기 때문이다.

지진계가 수평, 상하 진동을 기록하는 것도 관성의 법칙을 이용한 것이다. 지진이 일어나 지진계가 흔들리더라도 지진계의 펜은 항상 일정한 위치에 놓이게 되므로 지진파를 나타낼 수 있게 된다.

관성과 관련된 속담

- 세 살 버릇 여든까지 간다.

- 집에서 새는 바가지 밖에서도 샌다.

- 술 안주만 보면 끊은 술이 생각난다.

- 놀던 계집이 결딴나도 엉덩이 짓은 남는다.

줄이 끊어지는 곳

쇳덩어리의 양쪽을 끈으로 묶은 후 위쪽 끝을 천장에 매달고 아래쪽 끈의 끝을 잡아당기면 위쪽 끈이 끊어질까 아래쪽 끈이 끊어질까? 끈이 어디에서 끊어지는 지는 잡아당기는 방법에 따라서 다르다. 끈을 천천히 잡아당기면 위쪽 끈이 끊어지고, 급히 잡아당기면 아래쪽 끈이 끊어진다.

그 이유는 끈을 천천히 잡아당기면 위쪽 끈에는 아래서 당기는 힘과 쇳덩어리 무게를 합친 힘이 작용하여 아래 끈에 걸리는 힘보다 더 큰 힘을 받게 되어 위쪽 끈이 끊어진다. 그러나 끈을 갑자기 잡아

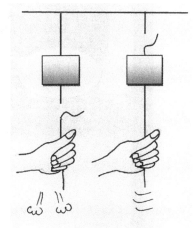

당기면 쇳덩어리는 끈에 매달려 있던 관성 때문에 위로 당겨지는 관성력을 받게 되어 아래쪽 끈에 걸리는 전체 힘이 그만큼 커져 아래쪽 끈이 끊어진다.

한지에 걸린 각목베기

얇은 종이에 각목을 얹어놓고 위에서 누르면 종이는 쉽게 찢어지지만 각목은 전혀 부러지거나 변형되지 않는다. 그러나 종이에 얹힌 각목을 칼로 세게 내리치면 각목은 두 동강이 나지만 종이는 전혀 찢어지지 않는다. 흔히 차력술이나 검술도장에서 이러한 각목베기 시범을 하는 데 이것은 관성을 이용한 묘기이다.

덜컹거리는 비포장 도로

비포장 도로 위를 자동차가 달릴 때는 가만히 서 있을 수 없을 정도로 몸이 심하게 흔들린다. 이는 우리 몸을 받치고 있는 자동차가 덜컹거리기 때문에 자동차에 고정되어 있는 하체는 자동차와 함께 움직이지만 상체는 가만히 있으려고 하므로 상체와 하체가 별도로 움직이기 때문에 몸이 심하게 흔들리는 것이다.

급정거와 급발진

포장이 잘 된 도로에서도 자동차가 급정거하거나 급발진하면 몸이 균형을 잃는다. 예를 들어 달리고 있던 차가 충돌을 하거나 갑자기 정지하면 우리는 앞으로 넘어진다. 급정거를 할 경우, 자동차는 멈추게 되나 자동차 안에 있는 사람은 차와 함께 계속해서 달리려는 관성을 가지고 있기 때문이다. 몸은 앞으로 나가려 하지만 차에 놓여 있는 발은 갑자기 정지하므로 상체가 앞으로 당겨지는 힘을 받기 때문이다.

일반적으로 도로 위에서 빠른 속도로 달리는 자동차를 정지시키기 위해서 브레이크를 밟으면 그 자동차는 곧바로 정지하지 않고 어느 정도 앞으로 밀려 나가다가 정지하게 된다. 이것도 관성 때문에 생기는 현상이다. 만일, 도로 위에 눈이나 물이 얼어 있어서 도로 면의 마찰이 작으면 자동차는 더욱 멀리까지 미끄러지게 된다.

이와 반대로 차가 갑자기 출발하면 몸은 제자리에 가만히 있으려고 하는데 발은 차와 함께 앞으로 이동하므로 우리 몸은 뒤로 넘어진다. 이와 같이 차가 급정거하거나 급발진하면 몸이 균형을 잃는 것은 우리 몸은 자동차의 갑작스런 변화에 관계없이 현재의 운동 상태를 그대로 유지하려고 하는 관성을 가지고 있기 때문에 생기는 현상이다.

자동차 사고가 나면 목부터 보호하라

교통사고가 나면 자동차가 급정거된다. 이런 경우 관성에 의해서 우리의 몸은 자동차와 같은 속도로 앞으로 진행하다가 급히 정지되므로 큰 힘을 받게 된다. 특히 목은 여러 개의 원형 뼈가 겹쳐져서 이루어져 있으므로 마치 나무 토막 여러 개를 쌓아놓은 것과 유사하게 이러한 충격력에 의해 어긋나기 쉽다. 그래서 교통사고가 나면 처음에는 느끼지 못하지만 하루나 이틀 정도 지나면 목이 심하게 아파옴을 느낄 경우가 많다.

커브를 도는 자동차

자동차가 커브를 돌 때 몸이 바깥쪽으로 밀린다. 이것은 원심력 때문이라고 생각하기 쉬우나 사실은 관성 때문이다.

즉 자동차는 커브를 그리지만 몸은 똑바로 앞으로 가려고 하는 관성을 가지고 있기 때문이다. 만일 이 경우 자동차 안에 서 있으면 자동차의 회전에 따라 하체는 자동차와 함께 회전운동을 하는데 몸은 직선운동을 하려는 관성력을 가지고 있어 몸이 균형을 잃게 된다.

무게를 비교하려면 흔들어 보세요

무게가 비슷한 두 물체 중 어느 것이 더 무거운지를 그냥 맨손으로 구분하기는 쉽지 않다. 그러나 물체를 위, 아래로 흔들어보면 쉽게 구분할 수 있다. 물체를 흔들어서 속도의 변화, 즉 가속도가 생기도록 하면 질량이 더 큰 물체는 관성이 더 크므로 속도의 변화에 저항하는 힘이 더 크다. 즉, 물체를 흔들어보면 무거운 물체가 흔들림이 더 작고 묵직하게 느껴지는 반면, 가벼운 물체는 흔들림이 커서 가볍다는 것이 더 쉽게 느껴진다.

눈을 감고도 위, 아래를 구분할 수 있다

우리의 몸 안에는 관성을 이용하여 중력을 감지하는 센서가 있다. 귓속에 들어있는 청각 감각기관인 전정기관이 그것이다. 전정을 이루는 반고리관은 우리가 머리를 옆으로 흔드는 것, 앞뒤로 흔드는 것 그리고 회전하는 것 등 머리를 돌릴 때마다 신호를 뇌에 전달하여 방향을 알도록 해 준다. 전정 안에 있는 이석(耳石)은 돌 가루와 비슷한 것으로 관성을 크게 받고 가속, 감속 신호를 처리함과 동시에 몸의 어떤 부분이 위에 있고 아래에 있는지를 중력에 대해 반응하여 신호를 처리한다.

회전의자

비 오는 날 우산 손잡이를 돌리면 우산 표면에 맺혀 있는 물방울은 우산이 만드는 원과 접선 방향으로 날아간다. 그 이유는 우산 표면에는 물방울을 붙들어 두는 힘이 작용하지 않으므로 물방울은 관성에 따라 접선 방향의 운동을 계속하기 때문이다. 마찬가지로 놀이공원에 있는 회전의자에 앉아서 안전벨트를 매지 않는다면 우리 몸은 회전의자에 고정되어 있지 않으므로 관성에 따라 직선운동을 하려는 관성을 가지고 있으므로

의자 바깥으로 튕겨 나가게 된다. 따라서 회전운동을 하는 대부분의 놀이기구에서는 반드시 안전띠를 착용해야 한다.

갈릴레이의 사고 실험(思考實驗)

물체를 수평면 위에서 밀면 물체는 앞으로 진행하다가 마찰이라는 외부 요인 때문에 정지하게 된다. 갈릴레이는 마찰이 없는 경우의 운동을 파악하기 위하여 수평면 대신에 경사면에 물체를 놓았을 때 어떤 일이 벌어질까 생각했다. 우선, 경사면의 한 점에 물체를 놓으면 같은 높이까지 올라갈 것이다. 경사를 완만하게 만들면 역시 같은 높이까지 올라갈 것이므로 더 멀리 나아갈 것이다. 따라서 곡면을 점점 내려서 면이 수평이 되게 하면 물체는 원래의 높이까지 올라가기 위해 한없이 멀리 나아갈 것이다. 그러기 위해서는 속도가 줄어들지 않는 등속운동을 할 것이다.

갈릴레이는 이러한 사고 실험을 통해 마찰이 없으면 물체는 수평면에서 처음과 같은 속도로 계속 등속직선운동을 한다는 결론에 도달했다. 뉴튼은 이러한 갈릴레이의 사고 실험을 정리해서 다음과 같은 결론을 내렸다. "물체에 외부에서 힘이 작용하지 않거나, 작용하는 힘의 합력이 0일 때 정지하고 있는 물체는 계속 정지해 있고 운동하고 있는 물체는 계속 등속직선운동을 한다."

이와 같이 물체는 현재의 운동 상태, 즉 정지 또는 등속운동을 계속 유지하려는 관성을 가지고 있다. 관성은 물체의 질량과 관계가 있으며 질량이 클수록 관성은 더욱 강하게 나타난다. 반면에 질량이 작으면 조금만 힘을 가해도 정지해 있던 물체가 움직이고, 움직이던 물체는 정지하거나 운동속도와 운동방향이 쉽게 변하므로 관성이 작다는 것을 알 수 있다.

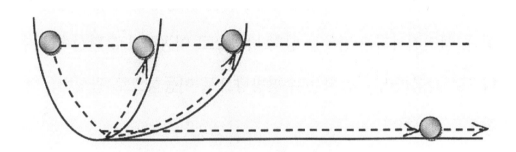

엘리베이터를 타고 오르내리면 몸무게가 변한다

움직이는 엘리베이터 안에서 몸무게를 달면 몸무게가 늘 수도 있고 줄 수도 있다. 엘리베이터가 정지해 있거나 일정한 빠르기로 움직일 때는 가속도가 없기 때문에 몸무게가 변하지 않지만 엘리베이터가 가속도 운동을 할 때는 관성력을 받아 몸무게가 늘거나 줄어든다.

예를 들어 엘리베이터가 위로 올라가기 시작할 때는 가속도 방향이 위쪽이므로 몸무게가 증가하고, 이와는 반대로 엘리베이터가 아래로 내려가기 시작할 때는 가속도 방향이 아래쪽이므로 몸무게는 감소하게 된다. 극단적인 경우, 엘리베이터의 끈이 끊어져서 자유낙하하면 몸무게는 0이 된다. 즉 몸무게가 없으므로 공중에 떠있는 무중력 상태가 된다.

이와 같이 물체가 자신의 관성 때문에 느끼는 가상적인 힘을 관성력이라 하는데 이 힘은 물체의 운동 상태가 변할 때 느껴진다. 관성력의 크기는 물체의 질량과 가속도를 곱한 것과 같고, 방향은 가속도 방향과 반대이다. 엘리베이터의 경우는 상하 방향으로 이동하므로 관성력은 수직방향으로 작용하며 자동차는 수평방향으로 이동하므로 관성력은 수평방향으로 작용한다.

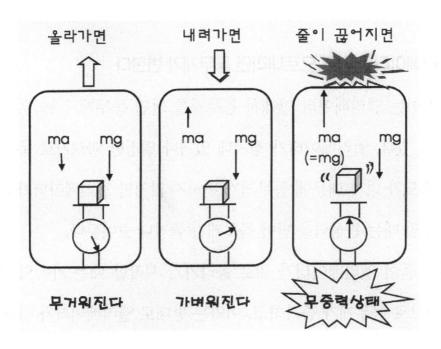

비행기가 난기류를 만나면 관성계가 깨진다

비행기가 상공에서 일정한 속도로 조용히 날고 있을 때는 움직이는 느낌이 들지 않고 그냥 정지해 있는 것 같다. 이 때는 커피를 테이블 위에 놓아도 흔들리지 않고, 들고 있던 동전을 가만히 놓으면 바로 아래에 떨어진다. 즉 등속직선운동하는 공간에서는 정지한 공간에서 일어나는 물체의 운동과 동일하게 뉴튼의 운동 법칙이 적용된다. 이와 같이 등속직선운동을 하는 공간을 관성계라고 한다.

일정한 속도로 달리는 자동차도 관성계이다. 이 때는 자동차 안에 서 있어도 넘어지거나 몸이 흔들리지 않는다. 그래서 운전을 잘하는 기사들은 가속도를 작게 하여 차를 부드럽게 운전한다. 천천히 출발하고 서서히 정지하면 관성력이 작아서 몸의 흔들림이 적고 안정적이다. 그러나 자동차가 급정거를 하거나 급하게 커브를 틀면 관성력이 커지므로 몸의 균형을 잡기 힘들다.

자동차는 평평한 도로 상에서 움직이므로 수평방향의 관성력만 있지만 비행기는 3차원 공간을 날아가므로 비행기의 관성력은 수평방향뿐 아니라 수직방향으로도 작용한다. 따라서 비행기가 난기류를 만나면 좌우상하로 흔들리면서 커피가 쏟아지고 테이블 위에 있던 물건들이 흔들릴뿐 아니라 오금이 저린다. 이런 때는 관성계가 아니므로 동전을 떨어

뜨리면 어디로 떨어질지 예측하기 힘들며 뉴튼의 운동법칙도 적용되지

않는다.

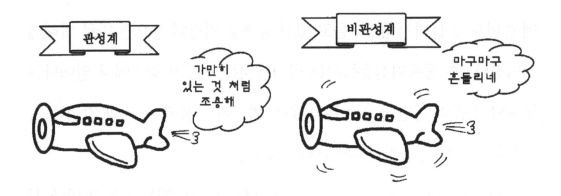

작용-반작용
....

손바닥도 마주쳐야 소리가 난다

서로 맞서는 사람이 있으니까 싸움이 일어난다는 뜻으로 '손바닥도 마주쳐야 소리가 난다'는 속담이 있다. 만일 한 손바닥만을 치면 그냥 허공을 휘젓는 셈이 되니 아무런 소리가 나지 않지만 두 손바닥을 마주 치면 서로 부딪쳐서 소리가 나게 마련이다. 손으로 벽을 칠 경우도 마찬가지이다. 벽을 치면 손이 아픈데, 이것은 우리가 벽을 치는 것과 똑 같은 힘으로 벽이 우리 손을 치기 때문이다. 따라서 벽을 세게 칠수록 손이 더 아프게 된다.

노를 앞으로 저으면 배는 뒤로 간다

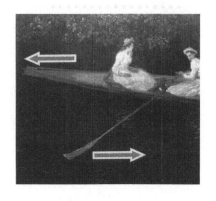

호수에 배를 띄우고 노를 저으면 배가 나아간다. 노가 움직이는 힘이 물을 통해서 배에 전달되기 때문이다.

이 때 노를 저어서 노가 물을 앞으로 밀면 배는 뒤로 나가고 뒤로 밀면 앞으로 나간다. 이와 같이 노가 물을 미는 방향과 배가 나가는 방향은 서로 반대이다. 물에서 수영을 할 수 있는 것도 팔 다리로 물을 뒤로 밀면 물이 몸을 앞으로 밀기 때문에 가능하다.

진흙탕에서는 점프할 수 없다

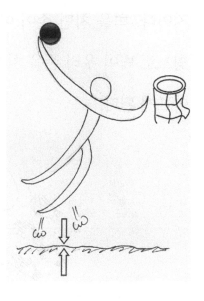

농구 선수가 점프할 때 발로 땅을 아래로 밀면, 땅은 발을 위로 밀게 되므로 공중으로 뛰어오르게 된다. 그러나 진흙탕 속에서는 땅을 미는 힘의 일부가 진흙탕에 흡수되어 발이 땅을 아래로 미는 힘보다 땅이 발을 위로 미는 힘이 약하므로 높이 점프할 수 없다.

허공에서는 걸을 수 없다

사람이 땅 위를 걸을 때 발이 지면을 뒤로 밀면 지면은 발을 앞으로 밀기 때문에 사람이 앞으로 나아간다. 그러나 허공에서는 발을 뒤로 밀어도 공기가 발을 앞으로 밀어줄 수 없기 때문에 공중에 떠있는 상태에서는 걸을 수 없다. 미끄러운 얼음판 위에서 걷기가 힘든 것도 마찬가지 이유로 발이 얼음판을 뒤로 밀지만 얼음판은 발을 충분히 앞으로 밀지 못하기 때문이다. 또한 빙판길에서 자동차 바퀴가 헛도는 것도 빙판이 바퀴의 회전에 따른 힘을 되돌려줄 수 없기 때문이다.

로프에 매달리기

암벽등반을 할 때 절벽 위에서 로프를 나무에 걸치고, 아래에 있는 사람이 로프를 잡아당기면서 올라가려면 나무가 그 사람의 무게를 지탱할

수 있어야 한다. 만일 나무가 이보다 약하
면 나무가 부러지거나 뿌리채 뽑혀버려서
사람이 로프에 매달릴 수가 없게된다.

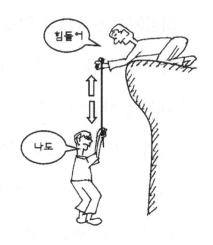

절벽 위에서 로프를 잡고 있을 경우도 아
래에 매달려 있는 사람의 몸무게 이상의 힘
으로 줄을 잡고 있어야 한다. 이것은 로프
의 양 끝에 위와 아래방향으로 같은 크기의
힘이 작용되기 때문이다.

용수철 저울 당기기

두 개의 용수철 저울을 서로 연결한 후, 그 중 한 개를 잡아당기면 당
겨진 용수철만 늘어나는 것이 아니라 다른 한 개의 용수철도 똑 같이 늘
어난다. 이것은 두 용수철이 똑 같은 힘을 서로 반대방향으로 작용한다
는 증거이다.

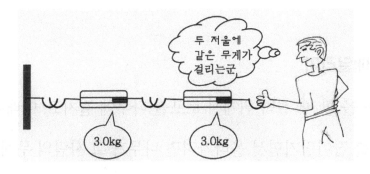

그네를 당겨라

그네에 앉아서 옆에 있는 그네를 잡아당기면 옆 그네가 당겨지지만 내 그네도 옆 그네 쪽으로 당겨진다. 즉 그네에 있는 사람들은 서로 반대방향으로 같은 크기의 힘을 작용한다. 따라서 뚱뚱한 사람과 홀쭉한 사람이 서로 잡아당기면 뚱뚱한 사람은 조금만 잡아당겨지고 홀쭉한 사람은 많이 당겨지게 된다.

줄배

사라져가는 것들 중에는 줄배가 있다. 줄배란 강을 가로질러 매어놓은 줄을 잡아당기며 가는 배인데 요즘도 오지마을에서는 줄배를 타고 건너야 되는 곳이 간혹 있다.

줄배는 배에 타고 있는 사람이 줄을 잡아당기면 그 반작용으로 배가 움직인다.

수레와 도개

대형 옹기를 제작할 때는 점토를 물에 개어 빚어 코일 형태로 쌓는데 이러한 코일링 후에는 흙타래가 잘 접착될 뿐 아니라 그릇벽이 고르고 부드러워지게 하기 위하여 옹기벽을 두드려가면서 형태를 만들어 간다.

이때 질그릇의 바깥벽과 안쪽벽을 두들겨 다져줄 때 사용하는 도구로 수레와 도개가 있다. 이들 중 질그릇 밖에서 두드리는 넓적한 도구를 수레라고 하고, 안에서 받쳐주는 둥근 형태의 도구를 도개라고 한다. 이들은 항상 함께 사용된다. 만일 수레로 옹기의 바깥쪽을 두드리는데 도개로 안쪽에서 받쳐주지 않으면 그릇은 깨지기 때문이다. 이와 같이 수레가 바깥벽에서 힘을 작용시키면 도개는 이와 같은 크기면서 반대방향의 힘을 안쪽벽에서 받쳐주므로 옹기의 벽이 균일한 두께로 제작될 수 있다.

로켓, 대포, 소총

로켓이 공중으로 올라가는 것은 가스가 아래로 분출되면서 로켓을 위로 밀기 때문이다. 대포나 총을 쏘면 대포의 포신이나 총이 뒤로 밀리는 현상도 총알이 앞으로 나가면서 총을 뒤로 밀기 때문이다. 그래서 소총 사격을 할 때 개머리판을 어깨에 밀착시키지 않으면 어깨는 두들겨 맞는 것처럼 충격을 받게 된다. 사격 조교가 개머리판을 어깨에 밀착시키라는 이유가 여기에 있다.

소도 언덕이 있어야 비빈다

사람도 의지할 데가 있어야 발판으로 삼아 무슨 일을 할 수 있지, 의지할 데가 없으면 성공할 수 없다는 뜻으로 "소도 언덕이 있어야 비빈다"는 속담이 있다. 실제로 소가 일어나기 위해서는 소가 미는 것과 같은 크기의 힘으로 언덕이 받쳐주어야 한다.

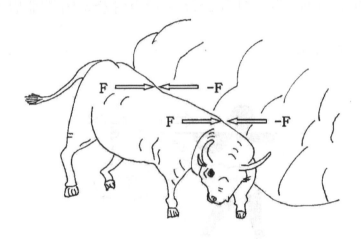

땅에서 넘어진 자 땅을 짚고 일어난다

땅에 넘어졌다가 일어날 때는 손으로 땅을 짚고 힘을 주는데 이 때 손으로 땅을 미는 힘만큼 땅도 손을 밀어주기 때문에 쉽게 일어날 수 있다. 그러나 딱딱한 땅이 아니라 늪지에 넘어졌다면 손으로 땅을 짚어도 늪이 손을 밀어주지 못하므로 땅 짚고 일어나기가 쉽지 않다.

다리 위에서 공 던지기

야구공 한 개를 들고 있으면 안전하지만 두 개를 들고 있으면 버틸 수 없을 정도로 약한 다리 위에서 공을 저글링하면서 다리를 건널 수 있을까? 이 경우 한 손으로 공을 받으면서 다른 한 손으로 공을 위로 던지므로 손에는 항상 야구공 한 개씩만 들려 있게 되므로 다리를 안전하게 건널 수 있을 것 같다. 그러나 하늘로 던져지는 공은 위로 향하는 힘을 받을 때 그 반작용으로 우리 몸을 아래로 밀므로 실제로는 공 두 개를 들고 있는 셈이므로 다리는 무너진다. 따라서 저글링을 하면서 다리를 건너는 것은 불가능하다.

작용 – 반작용과 관련된 속담

- 가는 말이 고와야 오는 말이 곱다.

- 손바닥도 마주쳐야 소리가 난다.

- 빨래 해줘서 좋고 발 하얘 좋다.

- 누이 좋고 매부 좋다.

유머

<놈과 선생의 차이>

백정이 최하층 천민 계급이었던 옛날에 나이 지긋한 백정이 장터에서 푸줏간을 하고 있었는데 어느 날 양반 두 사람이 고기를 사러 왔다.

첫 번째 양반이 말했다.

"야, 이놈아! 고기 한 근 다오."

"예, 그러지요." 그 백정은 대답하고 고기를 떼어주었다.

두 번째 양반은 상대가 비록 천한 백정이지만, 나이 든 사람에게 함부로 말을 하는 것이 미안해서 점잖게 부탁했다.

"이 보시게, 선생. 여기 고기 한 근 주시게나."

"예, 그러지요, 고맙습니다." 그 백정은 기분 좋게 대답하면서 고기를 듬뿍 잘라주었다.

첫 번째 고기를 산 양반이 옆에서 보니, 같은 한 근인데도 자기한테 건네준 고기보다 갑절은 더 많아 보였다. 그 양반은 몹시 화가 나서 소리를 지르며 따졌다.

"야, 이놈아! 같은 한 근인데, 왜 이 사람 것은 많고, 내 것은 왜 이렇게 적으냐?"

그러자 그 백정이 침착하게 대답했다.

"네, 그거야 손님 고기는 놈이 자른 것이고 이 어른 고기는 선생이 자른 것이니까요."

역시 가는 말이 고와야 오는 말이 고운 법이다.

몸무게를 잴 때는 저울 눈금이 흔들린다

저울에 돌멩이를 올려 놓으면 저울 바늘이 금방 돌멩이의 무게를 가리키지만 사람이 저울 위에 올라서면 저울 바늘이 계속 흔들린다. 특히 어린이의 몸무게를 잴 때는 저울 눈금을 읽기가 힘들 정도로 많이 흔들린다. 몸 전체가 저울 위에 올라가 있으면 저울 위에 얹힌 무게는 일정할

텐데 왜 저울 눈금이 자꾸만 움직일까?

저울 위에 올라서면 지구의 중력 때문에 우리 몸은 저울을 아래로 밀고 그 반작용으로 저울은 사람을 위로 민다. 이때 아래로 미는 힘과 위로 미는 힘의 크기가 같아지면 저울 위에서 균형을 이루게 된다. 그런데 만일 저울 위에서 발꿈치를 든다면 사람의 무게 중심이 위로 움직이므로 위쪽 방향으로 힘이 생긴다. 따라서 저울은 그 힘만큼 위쪽으로 밀게 되어 그 반작용으로 저울 눈금은 사람의 몸무게보다 큰 값을 나타낸다.

저울 위에서 발꿈치를 들어 올릴 뿐 아니라 몸을 비틀 때도 몸의 중심이 이동하여 저울에 힘이 작용하게 되므로 눈금이 변한다. 실제로 우리 몸은 저울 위에서 미세한 움직임을 나타내므로 저울 눈금이 계속 흔들리게 되며, 어린이들은 움직임이 많아 눈금이 더욱 심하게 흔들린다.

낙하할 때는 누가 더 무거울까

뚱뚱한 사람은 홀쭉한 사람보다 더 무겁다. 그런데 절벽에서 떨어질 때는 뚱뚱한 사람과 홀쭉한 사람 중 누가 더 무겁다고 느낄까?

우리가 몸무게를 느끼는 것은 땅 바닥이

몸무게를 받쳐주기 때문인데 절벽에서 떨어질 때는 우리 몸을 받쳐주는 힘이 없기 때문에 아무도 자기 몸무게를 느끼지 못한다. 따라서 낙하할 때는 뚱뚱한 사람이나 홀쭉한 사람이나 몸무게는 0이다

줄 끊어진 엘리베이터 안에서 점프하기

고층에서 엘리베이터 줄이 끊어지면 땅바닥에 떨어질 때 엄청난 충격을 받게 된다. 만일 엘리베이터가 땅에 충돌하기 직전에 엘리베이터 안에 있는 사람이 점프를 했다가 엘리베이터가 땅에 닿은 직후에 착지하면 안전할까? 얼핏 생각하면 가능할 것 같기도 하지만 사실은 불가능한 일이다. 줄이 끊어지면 엘리베이터는 거의 자유낙하를 하게 되므로 엘리베이터가 땅에 떨어질 때는 엄청난 속력으로 떨어진다.

충격을 받지 않고 착지하려면 사람도 엘리베이터와 똑같은 속도로 위로 점프해야 하는데 이것은 불가능하다. 만일 점프를 할 수 있다고 가정하더라도 이 때는 자유낙하할 때와 마찬가지의 충격, 즉 우리 몸이 추락하면서 받는 작용과 동일한 크기의 반작용을 받으므로 절대로 안전할 수 없다.

망가진 저울로는 무게를 잴 수 없다

용수철이 망가져서 저울이 고장나면 물체가 저울을 아래로 누르더라도 용수철이 그 물체를 위로 떠 받치지 못하므로 물체의 무게를 나타낼수 없게 된다. 즉 작용에 대항할 수 있는 반작용이 없기 때문에 무게를 잴 수 없는 것이다.

병 속에서 날아다니는 벌의 무게는?

살아 있는 벌이 들어 있는 병을 저울에 올려 놓고 무게를 다는 경우를 생각해 보자. 처음에는 벌들이 바닥에 앉아 있었는데 무게를 다는 도중에 벌들이 모두 병 속을 날아다녔다면 저울에 나타난 눈금은 어떻게 변화 되었을까?

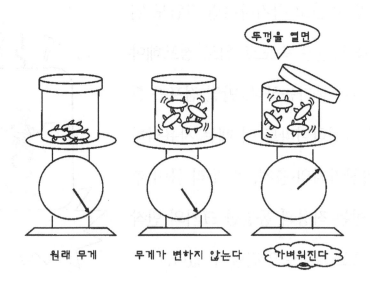

이 경우 저울의 눈금은 뚜껑이 있을 때와 없을 때에 따라 다르다. 벌들이 날아오르면 뚜껑이 없는 병일 때는 벌의 무게만큼 가벼워지지만, 뚜껑이 있을 때는 벌의 반작용에 의해서 무게의 변화가 없다.

작용 – 반작용의 법칙

힘을 받는 물체가 있다면 힘을 주는 물체도 있게 마련이다. 따라서 힘은 상호간의 작용이지 단독으로 존재할 수 없으며 항상 작용과 반작용이 쌍으로 작용한다. 이 때 한 물체가 가한 힘과 상대편 물체가 가한 힘은 크기가 같고 방향이 반대이다. 이것을 작용–반작용의 법칙이라고 한다.

작용—반작용 법칙은 두 물체가 서로 접촉 상태이거나 떨어져 있거나 관계없이 성립한다. 예를 들어 얼음판 위에 마주선 두 사람이 서로 미는 경우, 두 사람은 서로 반대쪽으로 밀리게 되는데 이것은 접촉 상태의 작용—반작용이다. 이에 반해 두 전하 사이에 작용하는 전기력은 떨어진 상태의 작용—반작용이다. 작용—반작용 법칙은 물체가 정지해 있을 때뿐 아니라 운동하고 있는 경우에도 성립한다. 피사의 사탑에서 공을 떨어뜨리면 낙하하는 공에 작용하는 중력의 반작용은 공이 지구를 당기는 힘이다. 작용—반작용 법칙은 동일 작용선 상에 반대 방향으로 같은 크기로 작용하며 작용점이 서로 다른 물체에 존재한다. 그래서 우리가 느끼지는 못하고 있지만 우리는 항상 옆 사람에게 작용을 하고 반작용을 받으며 살고 있다.

반작용이 없는 세상

우리가 벽을 밀어도 벽이 그대로 있는 것은 미는 힘에 대해서 벽이 반작용을 나타내기 때문이다. 만일 반작용이 없다면 벽을 살짝만 밀어도 구멍이 뚫릴 것이다.

손을 물에 담그면 쉽게 물 속에 잠기는 것은 물의 반작용이 거의 없기 때문이다. 밀가루 반죽을 손으로 누르면 반죽이 옆으로 퍼지면서 납작해지는 것은 물보다는 밀가루 반죽의 반작용이 더 크기 때문이다.

가능한 운동과 불가능한 운동

바닥에 누워서 허리를 펴는 운동을 할 때 발을 바닥에 고정시키면 상체를 일으킬 수 있지만 고정시키지 않으면 일어나기 힘든 것도 반작용이 없기 때문이다. 이와 같이 반작용이 없으면 운동을 하기도 힘들게 된다.

뉴튼의 돛단배

뉴튼은 바람으로 운행하는 돛단배를 보면서 작용—반작용을 생각하였다. 바람이 불면 돛단배는 바람에 의해서 앞으로 나가지만 돛단배에 고정된 선풍기로 바람을 일으키면 배는 전혀 앞으로 진행하지 않는다. 이것은 돛단배의 외부에서 바람이 불 때는 배가 떠 있는 물을 기준으로 힘이 작용되므로 그 반작용으로 돛단배가 바람의 방향과 반대로 움직이지만 돛단배 안에서 바람이 불 때는 돛단배를 기준으로 힘이 작용되므로 그 반작용으로 돛이 휘어질 뿐 배는 가지 않는다.

이와 마찬가지로 수레 뒤에서 선풍기로 바람을 일으키면 수레는 바람에 의해서 앞으로 나가지만 수레에 선풍기를 고정시키고 바람을 일으키면 수레는 전혀 움직이지 않는다. 이것은 바람의 경우뿐 아니라 사람이 밀 때도 마찬가지이다. 사람이 수레 밖에서 밀 때는 수레가 움직이지만 수레에 타고 있는 사람이 수레를 밀면 수레는 전혀 움직이지 않는다.

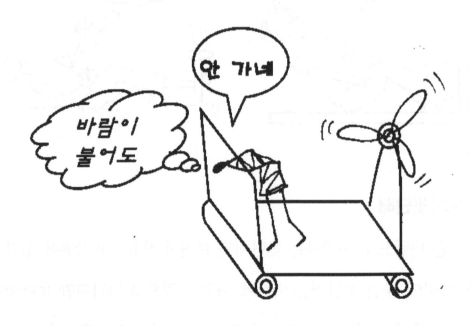

진자
·······

키 작은 사람은 종종걸음을 걷는다

우리가 걸을 때는 편하게 느껴지는 걸음걸이가 있다. 너무 빨리 걸으면 힘이 들고, 너무 천천히 걸으면 답답하게 느껴진다. 그러다가 어떤 걸음걸이에서는 상당히 편한 느낌으로 걸을 수 있다. 이것은 사람에 따라 차이가 있는데 사람들의 걸음걸이는 키에 따라 정해지는 경향이 있다. 일반적으로 키가 작은 사람들은 발걸음을 빨리 옮기며 걷기 때문에 출랑

대는 느낌을 주며, 키가 큰 사람들은 발걸음을 천천히 옮기며 걷기 때문에 어기적거리는 느낌을 준다. 그런데 키가 작은 사람들은 발걸음이 잰 반면에 보폭이 작고, 키가 큰 사람들은 발걸음이 느린 대신에 보폭이 크므로 키가 큰 사람이나 작은 사람이나 걷는 속도는 대개 비슷하다.

양반은 뒷짐지고 팔자걸음 걷는다

백성들이 양반과 상놈이라는 두 부류로 나누어진 봉건사회에서 사회 지도층인 양반들은 항상 여유를 부리면서 살았다. 심지어는 자기 집에 불이 났어도 뛰어가는 법 없이 뒷짐지고 천천히 양반걸음으로 걸어갔다고 한다. 양반걸음은 두 팔을 길게 뻗어 등 뒤로 돌려서 두 손을 허리 아래에서 마주 댄 채로 허리를 바로 세우고 발 끝을 약간 바깥쪽으로 팔자(八字) 형태로 벌리고 보폭을 크게 하여 성큼성큼 걷는 걸음걸이이다.

실제로 뒷짐지고 팔자걸음을 걸으면 저절로 천천히 걷게 된다. 만일 뒷짐 진 상태에서 억지로 빨리 걸어가면 등 뒤로 수갑을 찬 채로 도망가는 듯이 보일 것이다. 또한 팔을 길게 뻗고 걸을 때도 천천히 걷게 된다.

수수께끼

도둑이 도둑질하러 가는 걸음걸이를 4자로 줄이면?　　… 털레털레

파워 워킹

우리는 팔을 한번 흔들 때 마다 다리를 한번씩 옮긴다. 즉, 팔을 흔드는 횟수와 발걸음을 옮기는 횟수는 같다. 그런데 팔꿈치를 구부리고 걸을 때는 팔을 빨리 흔들게 되므로 걸음걸이가 빨라지고 팔을 길게 폈을 때는 걸음걸이가 느려진다. 요즘은 걷기를 통해서 체중을 감소하고 심장의 기능을 강화시키기 위하여 파워 워킹(power walking)을 하는 사람들이

종종 있는데 이것은 팔을 힘차고 빠른 걸음으로 걷는 것이다. 이 때는 팔을 'L' 자 또는 'V' 자 형태로 구부린 상태로 흔들게 되는데 팔을 오므리니까 팔의 길이가 짧아져 자연적으로 두 팔을 빨리 흔들게 되며 걸음걸이도 빨라지게 된다. 이와 같이 걸음걸이와 팔의 형태는 밀접한 관계가 있다.

뛸 때는 팔을 움츠리고 뛴다

달리기를 할 때 팔을 길게 뻗고 흔들며 뛰는 사람은 없다. 다리를 빨리 움직이려면 팔을 빨리 흔들어야 하므로 팔을 짧게 움츠려야 한다. 팔을 짧게 구부리고 양반 걸음을 걷는 것도 어렵고, 팔을 길게 편 채로 빨리 달리기는 더욱 어렵다.

스피드 스케이팅

얼음판 위에서 스피드 스케이팅을 할 때 직선 트랙에서는 다리를 천천히 쭉쭉 뻗으며 스케이트를 질주한다. 이 때는 손을 등 뒤에 얹거나 팔을 길게 편 채로 천천히 흔든다. 그러나 코너를 돌 때는 팔을 V자 형태로 구부린 상태로 빨리 앞뒤로 흔들면서 발을 앞뒤로 번갈아 가며 재게 옮긴다. 이와 같이 스케이트를 탈 때도 발을 잽싸게 움직일 때는 팔을 짧게 하고, 발을 천천히 움직일 때는 팔을 길게 뻗거나 뒷짐을 진다. 또한 키가 큰 선수들은 팔을 오므리고, 키가 작은 선수들은 팔을 길게 뻗고 흔드는 경향이 있는데 이렇게 함으로써 발을 옮기는 박자를 맞추게 된다. 이와 같이 스피드 스케이팅에도 팔의 형태가 속도에 영향을 준다.

우 임금의 구부정한 걸음걸이

하우씨는 홍수를 다스리는데 큰 공을 세워 하(夏) 나라의 왕이 되었다. 그가 우(禹) 임금이다. 그는 왕이 되기 전에 요(堯), 순(舜) 두 임금을 섬겨 홍수를 다스리는 일을 너무 열심히 하여 등이 굽었다. 이러한 연유로 두 팔이 길고 뒷모습이 구부정한 사람이 느릿느릿 걷는 모습으로 우(禹) 임금을 나타내게 되었으며, 이러한 걸음걸이를 형상화한 글자가 禹(하우씨 우)이다.

아령을 들고 있으면 천천히 걸어진다

걸음걸이가 잰 사람도 아령을 들고 걸으면 자연적으로 천천히 걷게된다. 아령을 들고 있을 경우는 아무 것도 들고 있지 않을 때보다 어깨를 축으로 하는 무게 중심까지의 거리가 더 길어지므로 진자의 길이가 길어지는 효과를 얻기 때문이다. 따라서 팔이 천천히 흔들리고 이에 따라 다리도 더 천천히 걸음을 옮기게 되므로 자연스럽게 천천히 걷게 된다. 아령뿐 아니라 길고 무거운 물건을 들고 걸으면 자연히 걸음걸이가 느려진다.

공룡이 걷는 속도

공룡은 지구 상에 살던 동물 중 가장 몸집이 큰 동물인데 약 6500만

년 전에 멸종되어 지금은 화석으로 만 존재한다. 화석으로부터 공룡의 모습을 재현한 것은 박물관에서 볼 수가 있는데 다리의 길이만 3m에 달하는 것도 있다. 그러면 이 커다

란 공룡은 얼마나 빠른 속도로 걸었을까? 과학자들은 공룡의 다리를 진자로 가정하고 공룡의 걸음걸이를 추정해 보았다.

계산 결과, 공룡이 한 발자국 옮기는 데 걸리는 시간은 약 2.9초 정도로 사람보다 훨씬 더디다. 그러나 보폭이 크므로 공룡의 걸음걸이는 사람보다 약간 빠른 시속 5km 정도였을 것으로 추정된다.

진자의 등시성

팔의 길이에 따라 팔을 흔드는 주기가 달라지듯이 실 끝에 추를 매달아서 흔들면 실의 길이에 따라 추가 흔들리는 주기가 달라진다. 이렇게 추가 한번 흔들리는데 걸리는 시간과 추가 매달린 실의 길이 사이에는 일정한 관계가 있다는 것은 1583년에 갈릴레이가 19세 때 우연히 발견하였다.

그는 이탈리아의 피사에 있는 한 성당에서 천장에 길게 드리워진 등

이 조용히 흔들리고 있는 모양을 한
참 동안 지켜보고 있었는데 등이 흔
들리는 폭은 점점 줄어들지만 한 번
흔들리는데 걸리는 시간은 같은 것
처럼 느껴졌다. 그래서 갈릴레이는
등이 한번 왕복하는 시간을 측정한
결과, 진자가 한번 흔들리는데, 걸리

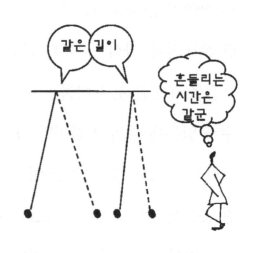

는 시간은 진폭과 관계없이 일정하다는 진자의 등시성을 발견하였다. 해
시계, 물시계, 모래시계에서 시작된 원시 형태의 시계가 근래의 추 시계
로 발달한 것도 갈릴레이의 등시성의 원리 덕분이다.

진자의 복원력

진자는 한자로는 振子(떨리는 것), 영어로는 pendulum(매달려 흔들리는
것)이라고 한다. 즉, 공간에서 자유롭게 흔들릴 수 있도록 한 점에 고정된
상태로 매달려 있는 물체이다. 이러한 진자를 이상적으로 단순화시켜 무
게가 없는 가느다란 실에 크기가 아주 작은 추가 매달린 것을 단진자라
고 한다.

진자를 구성하고 있는 추는 지구의 중력에 의해서 아래로 떨어지는

힘을 받는 동시에 추가 떨어지지 않
게 실이 잡아당기는 힘을 받는다. 만
일 추를 옆으로 조금 밀면 지구의 중
력과 실의 장력이 합쳐져서 진자가
원래의 위치로 돌아가려는 복원력이
생긴다.

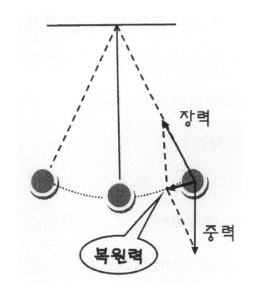

이 힘에 의해 진자는 원래의 위치
로 돌아갈 뿐 아니라, 반동에 의해
원래의 위치를 지나쳐서 반대방향으로 나아간다. 추가 반대방향에 정지
하면 앞에서와 마찬가지로 중력과 장력에 의해 진자는 다시 원래의 위치
로 돌아가려는 복원력이 생기므로 왕복운동을 하게 된다.

진자의 주기

진자가 한번 왕복운동하는데 걸리는 시간인 주기는 진자의 길이와 지
구의 중력에 의해 결정된다. 진자의 주기는 길이의 제곱근에 비례하고 중
력가속도의 제곱근에 반비례한다. 따라서 진자의 길이가 짧고 중력이 강
할수록 진자의 주기는 빨라진다. 이와같이 중력은 추의 질량에 힘을 미쳐
운동을 하게 하고 주기에 영향을 주지만 추의 질량은 주기와는 무관하다.

지구 상에서는 중력은 항상 일정하므로 추가 진동하는 주기는 진자의 길이에 따라서만 변화된다. 그러나 만일 진자를 달에 가지고 간다면 달은 지구보다 중력이 작아 추를 잡아당기는 힘이 약해지므로 진자의 주기도 길어진다. 즉, 천천히 흔들린다. 그리고 중력이 없는 우주공간에서는 추는 흔들리지 않게 된다.

진자시계

진자의 주기는 일정하다는 특성을 이용하여 네덜란드의 호이겐스(Christiaan Huygens, 1629~1695)는 진자시계를 만들었다. 해수면에서 진자시계의 주기는 진자의 길이가 24.8cm일 때 약 1초가 된다. 그러나 산 위에서는 중력이 작아지므로 시간이 더 천천히 간다. 따라서

진자시계는 고도에 따라 주기를 보정해 주어야 하며 휴대용으로는 적합하지 않다는 단점이 있다.

물리진자는 단진자보다 천천히 흔들린다

단진자는 실의 길이와 중력만 고려한 이상적인 진자이며 실제로 존재하는 진자는 일정한 크기와 형태를 가지고 있다. 이것을 물리진자라고 하는데 단진자가 실의 길이에 의해서 주기가 결정되는 것과는 달리 물리진자는 실의 길이와 아울러 진자의 형태에 의해서 주기가 정해진다.

진자의 길이가 동일한 경우 물리진자는 단진자보다 주기가 더 길다. 왜냐하면 단진자의 에너지는 추가 흔들리는데만 사용되지만 물리진자

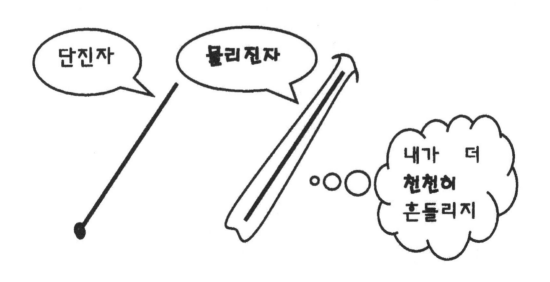

의 경우는 에너지 중의 일부는 추가 무게 중심에 대하여 움직이는 데 소모되기 때문이다. 이를 역으로 이용하면 물리진자의 주기를 측정하여 지구의 중력을 구할 수도 있다.

푸코 진자

지구는 태양 둘레를 1년에 한 바퀴씩 공전하면서 지축을 중심으로 하루에 한 바퀴씩 자전한다. 갈릴레이는 지구가 태양 둘레를 공전한다는 것과 자전한다는 것을 상대적 운동으로 설명하였으나 기독교 교리에 어긋난다는 이유로 종교재판을 받기도 하였다. 그 후 약 200년 후에 푸코는 지구가 자전한다는 것을 실험을 통해서 명백히 증명하였다.

1851년, 푸코는 판테온 성당의 천장에 긴 강철 줄로 대형 추를 매달고 기구를 이용하여 추를 계속 진동시켰다. 시간이 지남에 따라 푸코 진자의 진동 면이 회전하는 것이 관측되었으며, 이것은 지구가 자전한다는 최초의 실험적 증거였다. 푸코 진자가 어떤 면 내에서 앞뒤로 진동하고 있으면 이에 대해 지구는 회전하고 있으며 이들 사이에는 상대운동이 존재하게 된다.

푸코 진자의 회전속도는 위도에 따라 달라지며 위도 90°인 지구 북극에서 진자의 진동 면을 바라보면 상대적으로 지구가 시계반대방향으로 매 24시간마다 1회전한다. 지구 북반구에서 적도에 가까울수록 푸코 진자는 느린 속도로 시계방향으로 회전하게 되며 적도, 즉 위도 0°에서는 회전하지 않는다.

푸코 진자의 회전속도는 수학적으로 위도의 사인(sin)값과 지구의 회전속도의 곱으로 표현할 수 있다. 지구가 하루에 한 바퀴, 즉 24시간마다 360°씩 회전하기 때문에 회전 속도는 시간당 15°로 나타낼 수 있으며, 이는 남극과 북극에서 푸코 진자의 회전속도와 동일하다. 즉 24시간마다 1회전한다. 카이로나 뉴올리언스와 같은 북위 30°를 예로 들면, 48시간마다 1회전한다.

푸코 진자는 시간당 7.5°의 속도로 회전하는데 이는 sin 30°가 1/2이기 때문이다. 파리에 있는 푸코 진자는 시계방향으로 시간당 약 11°, 즉 32시간 주기로 회전한다. 남반구에서의 푸코진자의 회전방향은 북반구에서와는 반대로 시계반대방향이다.

관성능률

자는 아이가 더 무겁다

아이를 업고 있을 때는 등에 업힌 아이가 어떤 자세로 있느냐에 따라 힘이 더 들기도 하고 덜 들기도 한다. 만일 아이가 엄마의 몸을 두 손으로 감싸고 등에 착 달라 붙으면 별로 무겁게 느껴지지 않는데, 잠이 들어 머리와 온 몸이 축 늘어져 있으면 훨씬 더 무겁게 느껴진다. 이것은 업고 있는 사람의 등과 아이의 무게 중심까지의 거리가 다르기 때문인데 가까우면 힘이 덜 들고 무거우면 힘이 더 많이 든다. 그래서 아이의 몸무게는 깨어있을 때나 잠들었을 때나 변하지 않고 똑같지만 '자는 아이가 더 무겁다'고 느껴진다.

떡메는 짧게 잡을수록 힘이 덜 든다

떡메로 절구에 떡을 찧을 때 떡메를 짧게 잡으면 들어올리기 쉽지만 길게 잡으면 힘이 아주 많이 든다. 이것은 마치 잠이 든 아이가 엄마의 등에서 멀리 떨어져 있을수록 더 무겁게 느껴지는 것과 같이 어깨를 축으로 하는 회전중심에서 떡메가 멀리 떨어져 있기 때문이다.

무거운 물건은 배에 붙여서 들어라

나쁜 자세로 무거운 물건을 들어 올리면 척추를 다치기 쉽다. 힘에 겨울 정도로 무거운 물건을 들기 가장 좋은 자세는 물건을 끌어안듯이 배에 밀착시킨 후 다리의 힘으로 들어올리는 것이다. 이렇게 하면 들어올리기도 수월할 뿐 아니라 척추도 보호할 수 있다.

지고는 못 가도 먹고는 간다

물체를 몸에 가장 가까이 붙일 수 있는 방법은 뱃속에 넣는 것일 것이다. 그래서 등에 지고 가면 무겁게 느껴져도 먹고 나면 가볍게 느껴진다는 의미로 '지고는 못 가도 먹고는 간다'는 속담이 있다. 물리학적 의미와는 전혀 관계없이 만들어진 속담이지만 내용은 기본적인 물리 현상을 포함하고 있는 말이다.

부러진 수도꼭지는 돌리기 어렵다

수도꼭지는 길수록 돌리기 쉽고 짧을수록 돌리기 어렵다. 특히 수도꼭지가 부러져 있을 때는 맨손으로 돌릴 수 없을 정도로 힘이 많이 든다. 이것은 회전중심으로부터 수도꼭지까지의 거리가 너무 짧아서 회전력이 대단히 작기 때문이다.

가벼운 눈도 쌓이면 나뭇가지가 부러진다

눈이 많이 내린 겨울철 깊은 산 속에 들어가면 나뭇가지 부러지는 소리가 심심찮게 들린다. 긴 나뭇가지에 쌓인 눈에 의해 가지가 부러지기 때문이다. 짧은 나뭇가지는 가늘어도 잘 부러지지 않지만 긴 나뭇가지는 굵어도 잘 부러지는데 이것은 길이가 길수록 작은 힘을 가해도 큰 회전력을 나타내기 때문이다. 또한 태풍이 불 때는 아름드리 커다란 나무가 뿌리 채 뽑히거나 굵은 나무줄기가 두 동강나 부러지기도 하는데 이것도 키가 큰 나무에는 큰 회전력이 작용되기 때문이다.

피겨스케이팅과 다이빙

피겨스케이팅의 백미는 얼음판 위에 스케이트 날 끝을 세우고 한 자리에서 회전하는 것이다. 처음에는 팔을 벌리고 천천히 회전하다가 팔을 몸 가까이 움츠리면 갑자기 빨리 돌게 된다. 단지 길게 뻗고 있던 팔을 몸 가까이로 움츠렸을 뿐인데 회전속도가 빨라진 것이다.

회전속도는 팔을 얼마나 크게 벌리고 작게 움츠리느냐에 따라 달라진

다. 이는 질량이 회전축에서 멀리 분포되어 있을수록 회전하기 어렵고, 가까울수록 회전하기 쉽기 때문이다. 스케이터가 스케이트 날 끝을 세우고 한 자리에서 회전하는 경우, 회전축은 스케이트 끝에서 몸의 중심을 지나 머리 한 가운데로 지나는 직선이다. 뻗고 있던 팔을 움츠리면 멀리 있던 팔의 질량이 회전축 가까이 오게 되므로 회전하기 쉽게 되어 더 빨리 돌게 된다. 따라서 돌기 시작할 때에는 되도록 팔을 길게 뻗고 돌다가 회전하는 도중에 몸에 가까이 팔을 가져가면 회전속도가 훨씬 더 빨라진다.

　이와 비슷한 현상은 다이빙에서도 볼 수 있다. 수영장의 높은 다이빙보드 위에서 뛰어내리는 선수들이 공중에서 회전하는 경우 될 수 있는 대로 여러 바퀴를 돌아야 한다. 이때는 공중으로 뛰어오르는 순간에 온

몸을 뻗은 후에 공중에서 몸을 움츠려서 무릎을 가슴으로 당긴다. 그렇게 함으로써 질량을 회전축 가까이로 이동시키면 회전속도가 커져서 여러 바퀴를 돌 수 있다.

관성능률

물체의 질량이 클수록 자신의 운동 상태를 변하지 않으려는 성질이 있듯이 회전하는 물체는 관성능률이 클수록 회전상태를 변하지 않으려는 성질이 강하다. 회전체의 경우는 회전축이 무게 중심으로부터 멀수록 관성능률이 크다. 그래서 피겨스케이팅에서 빠른 회전을 요할 때는 팔을 오므려서 관성능률을 작게 하고 느린 회전을 요할 때는 팔을 펴서 관성능률을 크게 한다.

팔을 구부리면 걷기 쉽다

길을 걸을 때 팔을 구부리고 흔들면 길게 펴고 흔들 때보다 힘이 훨씬 적게 든다. 팔의 길이가 짧으면 어깻죽지를 중심으로 하여 팔을 회전시키기 쉽기 때문이다.

어떤 바퀴가 먼저 굴러 내릴까?

일반 자전거에 사용되는 튜브형 바퀴와 경륜용 자전거의 원판형 바퀴는 둘 다 둥글지만 경사진 곳에서 굴리면 바닥에 도착하는데 걸리는 시간이 서로 다르다. 이것은 바퀴가 굴러 갈 때(굴러+갈 때) 사용되는 에너지의 일부는 구르는 데 사용되고 나머지는 앞으로 가는 데 사용되는데, 바퀴의 형태에 따라 사용되는 에너지의 비율이 서로 다르기 때문이다. 원판형 바퀴는 튜브형 바퀴보다 관성능률이 작아 회전에 사용하는 에너지가 작은 반면에 직선운동을 하는데 사용하는 에너지는 더 많으므로 원판형 바퀴가 바닥에 먼저 도달한다.

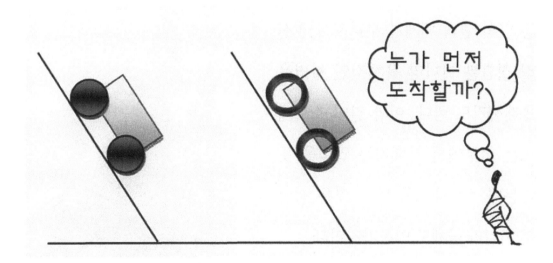

스트레스

스트레스를 받으면 바위도 깨진다

무슨 일로 몹시 놀라면 심장이 두근거린다. 그 이유는 위험 상황을 알리는 스트레스 호르몬이 갑자기 많이 분비되기 때문이다. 몹시 힘든 일을 겪거나 고통스런 상태에 처하게 되어도 스트레스 호르몬이 많이 나와 몸 안의 면역 체계가 무너져서 정신적 질환뿐 아니라 육체적인 질병을 초래하기도 한다. 이와 같이 스트레스는 외부에서 가해지는 압력을 뜻하는데 스트레스를 받는 것은 사람뿐 아니라 물체도 마찬가지이다.

예를 들어 겨울에는 바위 틈에 고인 물이 얼면서 부피가 증가되는데

이것이 스트레스가 되어 바위를 갈라 깨뜨리기도 한다. 또한 추위와 더위를 겪으면서 오랜 기간에 걸친 풍화작용에 의하여 바위가 모래로 부서지는 것도 스트레스가 작용하였기 때문에 일어나는 자연 현상이다.

얼어서 터진 장독

물체가 스트레스를 받는 주된 요인은 온도의 변화이다. 온도가 변하면 부피가 변화되는데 이것이 스트레스로 작용된다. 겨울철 바위 틈에 있는 물이 얼어 얼음이 되면 부피가 늘어나 스트레스로 작용되어 바위 틈이 점차 벌어지고 드디어는 바위가 깨진다. 추운 겨울철, 장독에 물을 담아 놓으면 밤새 물이 얼어서 장독이 깨지는 것도 스트레스 때문이다. 그러나 스트레스는 온도가 내려갈 때만 생기는 것이 아니라 온도가 올라가도 생긴다. 밀폐된 용기에 물을 넣고 가열하면 물의 부피가 커져 스트레스가 생겨 용기가 터지게 된다. 이런 스트레스가 짧은 시간에 아주 크게 생기도록 하면 폭탄이 될 수도 있다.

스트레스로 바위를 쪼갠다

자연에서 발생한 스트레스는 커다란 바위를 깨뜨리기도 한다. 대형 석조물을 만들려면 큰 화강암을 재단하여야 하는데 과거에는 스트레스를 이용하여 천연바위를 절단하였다.

우선 바위에 구멍을 뚫어 물을 부은 후 날씨가 추워지기를 기다린다. 그러면 구멍 속의 물이 얼면서 부피 팽창에 의해 발생한 스트레스로 인해 바위가 깨끗하게 갈라진다. 이러한 공법을 이용해서 신라시대 때에 우리 조상들이 바위를 쪼갠 흔적은 지금도 경주 남산에 올라가면 곳곳에 흩어져 있는 쪼개진 화강암 바위들에서 찾아 볼 수 있다.

터널 공사나 탄광에서 사용하는 현대 공법도 기본 원리는 스트레스를 이용하는데 착암기로 바위에 구멍을 뚫은 후 물을 얼리는 대신에 화약을 넣어 폭발될 때 발생되는 압력으로 바위를 쪼갠다.

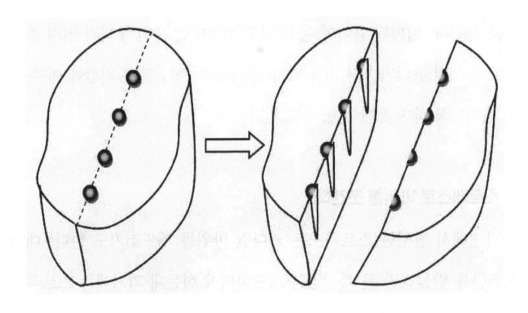

콩으로 바위를 쪼개는 방법

여름철에는 물이 얼지 않으므로 물을 흡수하여 부피가 커지는 물질을 이용하여 바위를 쪼갰다. 콩은 물에 불면 부피가 늘어나므로 콩을 구멍에 가득 채워넣고 물을 부어서 콩이 불어 바위가 쪼개지도록 하였다. 콩 이외에도 나무를 물에 적시면 부피가 늘어나므로 바위에 구멍을 뚫고 나무로 구멍을 채운 후 물을 부어 나무의 부피가 커지면 그 힘으로 바위를 쪼개기도 하였다. 나무 중에도 특히 향나무가 물에 많이 불어나므로 예전에는 바위를 쪼개는데 향나무를 많이 이용하였다고 한다.

말린 식물의 스트레스

새끼 손가락 굵기의 싱싱한 고구마 줄기를 말리면 실처럼 가늘어진다. 이렇게 가늘어진 고구마 줄기를 물 속에 넣으면 다시 원래의 고구마 줄기처럼 굵어지는데 이 때 스트레스가 발산된다. 말려서 작아진 버섯을 물에 넣어도 원래처럼 커지면서 스트레스를 발산하게 된다. 이와 같이 스트레스는 열에 의해서 뿐 아니라 물의 흡수에 의해서도 생긴다.

갈라진 논바닥

여름철, 날씨가 아주 가물 때는 논이나 저수지의 바닥이 거북이 등처럼 갈라진다. 이는 진흙이 마르면서 부피가 줄어들면서 생기는 현상인데, 이 줄어드는 힘이 진흙에 스트레스로 작용한다. 젖은 진흙은 표면 부근이 먼저 마르면서 부피가 줄어드는 반면, 진흙이 붙어 있는 아래쪽 땅은 줄어들지 않으므로 먼저 마르는 쪽으로 당기는 힘을 받게 된다. 이와 같이 진흙이 마르는 속도가 균일하지 않아 발생된 스트레스가 진흙을 잡아당기는데 진흙은 잘 늘어나지 않으므로 갈라져서 거북이 등 같은 모양의 균열이 생긴다.

이러한 현상은 오래된 도자기의 표면에서도 흔히 볼 수 있는데 요즘은 일부러 유약을 바른 부위가 갈라지게 하여 잔잔한 금이 많이 생긴 도자기나 찻잔을 만들기도 한다.

다리의 벌어진 틈

큰 다리들을 보면 교량의 연결부분에 벌어진 틈을 발견할 수 있다. 이것은 온도가 올라가면 물체의 부피가 팽창하기 때문에 교량의 열 팽창으로 인한 파손을 방지하기 위한 것이다. 특히 철교는 다리 전체가 철로 만들어져 있

어 다른 교량들 보다 온도에 따라 팽창하는 정도가 훨씬 크므로 상판 곳곳에 지그재그의 틈이 있는 접합부를 만들어 교량의 휘어짐을 방지한다.

기찻길에도 스트레스가 쌓인다.

날씨가 더워지면 기찻길이 늘어나면서 엿가락처럼 휘어져 기차가 탈선되는 원인이 되기도 한다. 이것은 온도가 올라가면 금속이 팽창하여 외부에 힘을 작용하기 때문이다. 길이가 1m인 쇠의 경우는 온도가 100℃ 상승할 때마다 약 1mm씩 팽창하는데 기

찻길은 대단히 길므로 늘어나는 길이 또한 커서 기찻길이 휘어질 정도로 엄청나게 큰 스트레스가 발생된다. 기찻길에 생기는 이러한 스트레스를 발산시키기 위해서는 일정한 길이마다 철길 사이에 간격을 주어 막대한 양의 스트레스가 일시에 발생되지 않게 한다.

깜박이는 크리스마스 트리의 전구

스트레스를 이용하면 크리스마스 트리가 깜박이게 할 수 있다. 크리스마스 트리의 전선 끝에는 바이메탈 전구가 있다. 바이메탈은 열팽창율이 서로 다른 두 금속을 접합시킨 것으로, 전구에 전류가 흘러 열이 생기면 바이메탈에 휨의 차이가 생기고, 이 차이를 이용하여 스위치 역할을 하도록 만들었다. 크리스마스 트리는 전구에 직렬 연결된 두 개의 전기 줄에 성능이 다른 바이메탈을 사용함으로써 양 쪽이 번갈아가면서 작동되므로 아름답게 깜박거린다.